高 等 学 校 教 材

GAOFENZI KEXUE
YU GONGCHENG SHIYAN

高分子科学与工程实验

李 群 主编
韩建梅 杨永娟 副主编

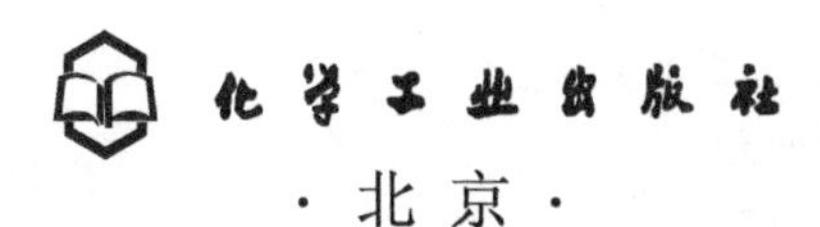
化学工业出版社
·北京·

内容简介

《高分子科学与工程实验》是在适应新工科背景下课程改革的新形势，适应高分子行业发展应用型人才培养新模式的要求下编写的。全书共分五章，选编40个实验。第一章是高分子科学与工程基础知识，为后面的各个实验提供基础理论支持。第二章至第四章分别是高分子化学、高分子物理和高分子成型加工实验。第五章为高分子综合设计实验。本教材的主要特点是理论与实际紧密结合，兼顾实验课程的基础性、应用性及实验教学的可操作性，对提高工科院校学生的理论学习能力、基本实验操作能力和解决复杂工程问题的能力有指导意义。

本书可用作高分子材料与工程专业本科生的实验教材，也可供化学、化工、材料、轻工等专业的相关师生使用，同时也可供从事高分子材料研究、开发和应用的研究生和工程技术人员参考。

图书在版编目（CIP）数据

高分子科学与工程实验/李群主编；韩建梅，杨永娟副主编．—北京：化学工业出版社，2024.2

ISBN 978-7-122-44731-9

Ⅰ.①高… Ⅱ.①李…②韩…③杨… Ⅲ.①高分子材料-材料试验-高等学校-教材 Ⅳ.①TB324.02

中国国家版本馆CIP数据核字（2024）第024325号

责任编辑：汪　靓　王　岩　装帧设计：史利平
责任校对：王鹏飞

出版发行：化学工业出版社
（北京市东城区青年湖南街13号　邮政编码100011）
印　　装：北京印刷集团有限责任公司
787mm×1092mm　1/16　印张7½　字数182千字
2024年4月北京第1版第1次印刷

购书咨询：010-64518888　　售后服务：010-64518899
网　　址：http://www.cip.com.cn
凡购买本书，如有缺损质量问题，本社销售中心负责调换。

定　价：28.00元　

前言

在国家新工科教育背景下，专业性、综合性、交叉性、创新性的人才培养模式越来越受到重视。实验教学是工科专业应用型人才培养的重要组成部分，是培养学生工程意识、创新意识和研究能力的重要手段。我国具有庞大的高分子材料工业体系，对于实践能力、科研能力、应用能力强的专业人才的需求十分迫切。

高分子科学与工程实验是高分子材料与工程专业本科生必修的实验课程，是培养学生动手能力、工程意识、创新精神的一门主要课程，是专业课程理论和实践活动相结合的课程体系。高分子材料与工程专业的基础理论课程包括了“高分子化学”“高分子物理”“高分子材料成型加工”“高分子加工工艺”等，而且各个课程也都有自己的实验课程体系。如何使学生通过不同课程的实验来理解、巩固、灵活运用理论，加强课程的前后联系，提高学生各方面的能力，既体现各个专业课程实验的独立性，又能够使其前后衔接联系、相互贯通，一直是大家共同关注的课题。本教材的编写旨在在这些方面做有益的尝试。

本书的内容涵盖了高分子科学与工程各学科的基础理论及其实验。高分子化学实验体现了各种聚合原理和聚合实施方法的要求。高分子物理实验遵循结构—检测—性能的主线，包含了高分子结构、性能和分子运动等各方面的实验。高分子成型加工实验则侧重于常见的加工实验方法。本书还编写了一些综合性、设计性的实验，以满足学生基础理论、实验操作、能力提升的要求。本教材理论与实际紧密结合，兼顾实验课程的基础性、应用性及实验教学的可操作性，对提高工科院校学生的理论学习能力、基本实验操作能力和解决复杂工程问题的能力有指导意义，适应了培养应用型人才的实验教学改革方向。

本书由泰山学院李群编写第一章和第三章，韩建梅编写第二章，杨永娟编写第四章，张建平编写第五章，全书由李群统稿。本书获得泰山学院一流专业建设资金的资助，在此表示诚挚的感谢。

由于编者水平有限，经验不足，书中疏漏之处在所难免，恳请读者批评指正。

编者

2022 年 12 月

目录

第一章

高分子科学与工程基础知识

高分子科学是研究高分子化合物的合成、结构、性能、加工等内容，是以高分子化学、高分子物理、高分子材料成型加工等知识为基础的一门学科。同时，高分子科学也是一门实验性学科，正是通过理论研究与实践应用的相互结合、相互促进，高分子科学才能达到今天的水平。

19 世纪之前高分子工业主要集中在天然高分子的加工使用。人类在公元前即对蛋白质、淀粉、棉、毛、丝、麻、虫胶等天然高分子材料进行了开发利用。1833 年，Berzelius 提出"polymer"一词，意指以共价键、非共价键联结的聚集体。19 世纪中叶，天然高分子材料被大规模地改造，主要有天然橡胶硫化、硝化纤维、硝化纤维塑料等等。20 世纪前半段是高分子工业和高分子科学创立时期，1907 年酚醛树脂被合成。1920 年，H. Staudinger（于 1953 年获诺贝尔化学奖）发表了他的划时代的文献"论聚合"，标志着高分子科学的诞生。20 世纪三四十年代，三大合成材料全面实现工业化，高分子科学的一些理论也逐步建立。例如现代缩聚反应理论（W. H. Carthorse，P. J. Flory)、橡胶弹性理论（W. Kuhn，K. H. Mayer)、链式聚合反应理论和共聚合理论（H. Mark，F. R. Mayo)、高分子溶液理论（P. J. Flory，M. L. Huggins）等。20 世纪中期是现代高分子工业确立、高分子合成化学大发展的时期。Ziegler、Natta（于 1963 年共获诺贝尔化学奖）发展的配位催化剂引发的定向聚合，使结构和物性理论得到很大的推动。20 世纪 60 年代，各种检测手段运用于高分子材料，使高分子物理得到大大发展。20 世纪后半段，高分子工业向着生产的高效化、自动化、大型化发展。高分子科学有两个新动向：一是向生命现象靠拢；二是更加精密化，品种上向精细高分子、功能高分子、生物医用高分子扩展。其中，H. Shirakawa、A. J. Hegger 和 A. G. MacDiarmid 因对导电聚合物的发现和发展而获得 2000 年诺贝尔化学奖。法国科学家 Pierre Gilles de Gennes（1991 年诺贝尔物理学奖获得者）提出高分子链性质的非平衡态统计理论和标度理论，成功地将高分子物理理论引向新阶段。从高分子科学的发展历史看，高分子科学是一个年轻的学科，但也是一个充满活力的学科，同时也是一个实践性很强的学科。

本章主要介绍高分子科学与工程实验涉及的一些基础知识，包括高分子化学、高分子物理、高分子材料成型加工等方面的知识。为高分子科学与工程实验提供一定的理论基础。

第一节　聚合物合成技术

一、聚合物合成基本概念

① 聚合物　聚合物分子量可达 $10^4 \sim 10^6$，甚至更高。一个大分子往往由许多相同的、简单的结构单元通过共价键重复连接而成。

② 单体　合成聚合物的起始原料称为单体。在大分子链中出现的以单体结构为基础的原子团称为结构单元。结构单元在某些情况下也称为单体单元、重复单元、链节。

③ 聚合度　一根高分子链所包含的重复单元的个数。

④ 均聚物　由一种单体聚合而成的高分子称为均聚物。

⑤ 共聚物　由两种或两种以上的单体聚合而成的高分子称为共聚物。

⑥ 引发剂　引发剂是容易分解成自由基的化合物，分子结构上具有弱键。引发剂主要有偶氮化合物和过氧化物两类。引发剂在使用时，一般需要精制。

⑦ 阻聚剂　少量的某种物质加入聚合体系中就可以将活性自由基变为无活性或非自由基，这种物质叫阻聚剂。阻聚剂分子与链自由基反应，形成非自由基物质或不能引发的低活性自由基，从而使聚合反应终止。

为了避免烯类单体在贮藏、运输等过程中发生聚合，单体中往往加入少量阻聚剂，在使用前再将它除去。阻聚剂挥发性小，在蒸馏单体时即可将它除去。

二、聚合反应机理

由小分子合成聚合物的反应称为聚合反应，能够发生聚合反应的小分子称作单体。并非所有的小分子都能发生聚合反应。

在高分子科学发展初期发现 α-烯烃（双键在分子一端的烯烃）、共轭双烯烃可以通过加成反应生成聚合物；二元羧酸与二元胺、二元醇可以通过缩合反应生成聚合物。因此，将聚合反应按单体和聚合物在组成和结构上发生的变化分类，聚合反应分成两大类：

（1）加聚反应

单体因加成而聚合起来的反应称作加聚反应。加聚反应的产物称作加聚物。加聚物的化学组成与其单体相同，仅仅是电子结构有所改变。加聚物的分子量是单体分子量的整数倍。如乙烯合成聚乙烯：

$$n\mathrm{CH_2{=}CH_2} \longrightarrow \mathrm{\lbrack CH_2{-}CH_2 \rbrack_n}$$

（2）缩聚反应

单体因缩合而聚合起来的反应称作缩聚反应，其主产物称作缩聚物。缩聚反应往往是官能团间的反应，除形成缩聚物外，根据官能团种类的不同，还有水、醇、氨或氯化氢等低分子副产物产生。由于低分子副产物的析出，缩聚物结构单元要比单体少若干原子，其分子量不再是单体分子量的整数倍。大部分缩聚物是杂链聚合物，分子链中留有官能团的结构特征，如酰胺键（—NHCO—）、酯键（—OCO—）、醚键（—O—）等。因此，容易被水、醇、酸等药品所水解、醇解和酸解，如：

$$n\mathrm{H_2N(CH_2)_6NH_2} + n\mathrm{HOOC(CH_2)_4COOH} \longrightarrow$$
$$\mathrm{H\lbrack HN(CH_2)_6NHOC(CH_2)_4CO\rbrack_n OH} + (2n-1)\mathrm{H_2O}$$

不同的聚合反应遵循不同的反应机理，20 世纪 70 年代按聚合机理或动力学，将聚合反应分成链式聚合和逐步聚合两大类。链式聚合反应，依活性种不同分为自由基型聚合反应、离子型聚合反应和配位聚合反应。逐步聚合反应，依参加反应的单体分为缩聚反应、开环逐步聚合反应和逐步加成反应。

1. 链式聚合反应

链式聚合反应的一个重要特点是存在活性中心，它一般是通过加入引发剂产生的。整个聚合过程由链引发、链增长、链终止等几步基元反应组成，体系始终由单体、聚合物和微量引发剂组成，没有分子量递增的中间产物。随聚合时间延长，聚合物的转化率逐渐增加，而单体则随时间而减少。根据活性中心不同，可以将链式聚合反应分成自由基聚合、阳离子聚合、阴离子聚合、配位聚合和开环聚合等。烯烃类单体的加聚反应大部分属于链式聚合反应。

（1）自由基聚合

活性中心是自由基的链式聚合称为自由基聚合。其中自由基聚合物产量最大，约占聚合物产量的 60%，占热塑性聚合物的 80%。自由基聚合属于链式聚合，包含四种基元反应：链引发、链增长、链转移、链终止。自由基聚合的特征是：慢引发、快增长、速终止。自由基聚合的活性中心为自由基，其可借助力、热、光、辐射直接作用于单体来产生。但目前工业及科学研究上广泛采用的方法是使用引发剂，引发剂是结构上含有弱键的化合物，由其均裂产生初级自由基，加成单体得到单体自由基，然后进入链增长。依据结构特征可以将引发剂分为：过氧类引发剂、偶氮类引发剂及氧化-还原引发体系。

① 过氧类引发剂：该类引发剂结构上含有—O—O—，可进一步分为无机类和有机类。

无机类：主要有过硫酸盐［如：$K_2S_2O_8$、$(NH_4)_2S_2O_8$、$Na_2S_2O_8$］、过氧化氢。

有机类：

a. 有机过氧化氢：异丙苯过氧化氢、叔丁基过氧化氢。该类引发剂活性较低，可用于高温聚合，也可以同还原剂构成氧化-还原引发体系使用。

b. 过氧化二烷基类：过氧化二叔丁基、过氧化二叔戊基。活性较低，120～150℃使用。

c. 过氧化二酰类：过氧化二苯甲酰（BPO）。活性适中，应用广泛。

$$C_6H_5-\overset{O}{\overset{\|}{C}}-O-O-\overset{O}{\overset{\|}{C}}-C_6H_5 \longrightarrow 2\,C_6H_5-\overset{O}{\overset{\|}{C}}-O\cdot \longrightarrow 2\,C_6H_5\cdot + 2CO_2$$

其中，苯甲酰氧基、苯自由基皆有引发活性。

d. 过氧化酯类：过氧化苯甲酸叔丁酯。活性较低。

e. 过氧化二碳酸酯：过氧化二碳酸二异丙酯、过氧化二碳酸二环己酯。活性大，贮存时需冷藏，可同低活性引发剂复合使用。

② 偶氮类引发剂：该类引发剂结构上含有—N═N—，分解时—C—N═键发生均裂，产生自由基并放出氮气。主要产品有偶氮二异丁腈（AIBN）、偶氮二异庚腈（ABVN）。AIBN 的分解反应方程式为：

$$CH_3-\underset{CN}{\underset{|}{\overset{CH_3}{\overset{|}{C}}}}-N{=}N-\underset{CN}{\underset{|}{\overset{CH_3}{\overset{|}{C}}}}-CH_3 \xrightarrow{\triangle} 2CH_3-\underset{CN}{\underset{|}{\overset{CH_3}{\overset{|}{C}}}}\cdot + N_2$$

③ 氧化-还原引发体系：过氧类引发剂中加入还原剂，组成氧化-还原引发体系，反应过程中生成的活性自由基可引发自由基聚合。

氧化-还原引发体系分为水溶性的氧化-还原引发体系和油溶性的氧化-还原引发体系。水溶性氧化-还原引发体系主要有：过氧化氢、过硫酸盐等氧化剂；亚铁盐、亚硫酸钠、亚硫酸氢钠、硫代硫酸钠等还原剂。

自由基聚合的链终止通常为双基终止：偶合终止或歧化终止。

（2）阳离子聚合

在阳离子引发剂作用下，单体分子活化为带正电荷的活性离子，再与单体链式聚合形成聚合物的化学反应称为阳离子聚合反应。单体主要有三类：具有强推电子取代基的烯烃类单体（异丁烯、乙烯基醚），具有共轭效应的单体（苯乙烯、丁二烯、异戊二烯），含氧、氮、硫杂原子的不饱和化合物和环状化合物（甲醛、四氢呋喃、3,3-双氯甲基丁氧环、环戊二烯、环氧乙烷、环硫乙烷及环酰胺）等。引发剂是一些亲电试剂。主要有质子酸和 Lewis 酸。阳离子聚合反应也主要包括三个基元反应：链引发、链增长、链终止。阳离子聚合的反应特点是：快引发、快增长、易转移、难终止。

（3）阴离子聚合

阴离子聚合的活性中心是阴离子。单体是具有亲电结构，足够活性，不含易受阴离子进攻的基团。主要有：带吸电子取代基的乙烯基单体，如硝基乙烯；非极性共轭烯烃，如苯乙烯、丁二烯、异戊二烯等；含有带孤单电子杂原子的单体，如环氧乙烷；碱金属，有机金属化合物，三级胺等碱类。电子给体或亲核试剂是阴离子聚合的引发剂。引发剂的结构、性质不同，则诱导效应、空间位阻效应和缔合效应不同，对聚合速率的影响也不同。溶剂为非质子性溶剂，可移走反应热量，更主要的是溶剂的极性与溶剂化能力能改变活性中心的形态与结构，对聚合产生很大影响。阴离子聚合的反应特点是：快引发、慢增长、无终止。

（4）配位聚合

配位聚合反应是烯烃单体的碳-碳双键与引发剂活性中心的过渡元素原子的空轨道配位，然后发生移位使单体插入金属-碳键之间进行链增长的一类聚合反应，是由齐格勒和纳塔等人研制出 Ziegler-Natta 引发剂而逐步发展起来的一类重要聚合反应。配位聚合的单体是一些单烯烃和双烯烃。典型的引发剂为 Ziegler-Natta 引发剂，是一种具有特殊定向效能的催化剂。

典型的 Ziegler 引发剂是 $TiCl_4$-$Al(C_2H_5)_3$ [或 $Al(i\text{-}C_4H_9)_3$]。

典型的 Natta 引发剂是 $TiCl_3$-$Al(C_2H_5)_3$。$TiCl_3$ 是固体结晶，有 α、β、γ、δ 四种晶型。对丙烯聚合，若采用 α、γ 或 δ 型 $TiCl_3$，所得聚丙烯的立构规整度为 80%～90%；若用 β 型 $TiCl_3$，则所得聚丙烯的立构规整度只有 40%～50%。对丁二烯聚合，若采用 α、γ、δ 型 $TiCl_3$，所得聚丁二烯的反式含量为 85%～90%；而采用 β 型 $TiCl_3$，则所得聚丁二烯的顺式含量为 50%。用配位聚合制备的丙烯具有高产率、高分子量、高结晶度的特点。用配位聚合制备的乙烯具有无支链、高结晶度、高密度的特点。

（5）开环聚合

开环聚合反应指环状单体在离子型引发剂的作用下，经过开环、聚合转变成线型聚合物的一类聚合反应。主要的开环聚合单体有环醚、环亚胺、环状硫化物、环缩醛、内酯、内酰胺、环状磷化物、环状硅化物等。由于环的组成不同、结构不同，聚合能力也不同。开环聚合也包括链引发、链增长和链终止等基元反应。在开环聚合过程中化学键性质及键的总数不变，活性中心较稳定，具有形成活性聚合物的倾向。多数存在聚合-解聚的可逆平衡。开环聚合主要有逐步开环聚合和离子型开环聚合两类。

2. 逐步聚合反应

逐步聚合反应在高分子合成工业中占有十分重要的地位，除聚烯烃外，几乎绝大多数聚合物都是采用逐步聚合反应合成的。例如，常见的酚醛树脂、环氧树脂、脲醛树脂、尼龙、聚酯等。聚烯烃塑料的缺点之一是热变形温度低、强度不高。一些高强度、高模量、高耐温的综合性能好的工程塑料，例如聚碳酸酯、聚苯醚、聚砜、聚酰亚胺等都是通过逐步聚合反应制备的。

逐步聚合反应是逐步进行的。反应早期，大部分单体很快聚合成二聚体、三聚体、四聚体等低聚物（链式聚合反应则是单体在极短的时间形成聚合物）。随后低聚物间继续反应，直至转化率很高（>98%）时，分子量才逐渐增加到较高的数值。绝大多数缩聚反应属于逐步聚合反应。

逐步聚合反应大致可以分为下列几种类型：

（1）缩合聚合反应（缩聚反应）

缩合聚合反应简称缩聚反应，是缩合反应经多次重复形成聚合物的过程。缩聚反应与缩合反应相似，为官能团之间的反应，反应过程有小分子副产物脱除，且大多数是可逆反应。缩聚反应是逐步聚合反应中最重要的一类反应，许多重要聚合物的合成都属于缩合聚合反应。由缩合反应发展到缩聚反应，最重要的变化是能够参加反应的官能团的数目（称作官能度）的变化。例如二元酸和二元醇的缩聚生成聚酯：

$$\mathrm{HOOC{-}R{-}COOH + HO{-}R'{-}OH \longrightarrow HOOC{-}R{-}COO{-}R'{-}OH + H_2O}$$

$$\mathrm{HOOC{-}R{-}COO{-}R'{-}OH + HOOC{-}R{-}COOH \longrightarrow}$$
$$\mathrm{HOOC{-}R{-}COO{-}R'{-}OOC{-}R{-}COOH + H_2O}$$

$$\mathrm{HO{+}OC{-}R{-}COO{-}R'{-}O{+}_n H + HO{+}OC{-}R{-}COO{-}R'{-}O{+}_m H \longrightarrow}$$
$$\mathrm{HO{+}OC{-}R{-}COO{-}R'{-}O{+}_{n+m} H + H_2O}$$

不同的二元酸、二元醇缩聚得到不同的聚酯品种。

二元酸和二元胺的缩聚生成聚酰胺：

$$n\mathrm{H_2N{-}R{-}NH_2} + n\mathrm{HOOC{-}R'{-}COOH \longrightarrow}$$
$$\mathrm{H{+}NH{-}R{-}NHOC{-}R'{-}CO{+}_n OH} + (2n-1)\mathrm{H_2O}$$

例如 1938 年工业化的第一个纤维聚己二酰己二胺（尼龙-66）的合成：

$$n\mathrm{H_2N(CH_2)_6NH_2} + n\mathrm{HOOC(CH_2)_4COOH \longrightarrow}$$
$$\mathrm{H{+}HN(CH_2)_6NHOC(CH_2)_4CO{+}_n OH} + (2n-1)\mathrm{H_2O}$$

再比如 1941 合成的聚对苯二甲酸乙二醇酯，即涤纶：

$$n\mathrm{HOOC{-}C_6H_4{-}COOH} + n\mathrm{HO(CH_2)_2OH \longrightarrow HO{+}OC{-}C_6H_4{-}COO(CH_2)_2O{+}_n H} + (2n-1)\mathrm{H_2O}$$

另外，HO—R—COOH，$\mathrm{NH_2}$—R—COOH 也可以通过自身缩聚得到聚酯或聚酰胺。

缩聚单体必须含有两个或两个以上可反应官能团，缩聚反应就是官能团间的多次缩合，酯化、酯交换、酰胺化、醚化等有机化学反应都可用以缩聚反应。

缩聚反应是通过官能团的逐步反应来实现大分子的链增长。链增长过程中不但单体可以加入增长链中，而且形成的各种低聚物之间亦可以通过可反应官能团之间相互缩合连接起来。缩聚早期单体很快消失，转化成各种大小不等的低聚物，单体转化率很高，以后的缩聚则在各种低聚物之间进行，延长反应时间的目的在于提高分子量。

缩聚反应又细分为均缩聚反应、混缩聚反应及共缩聚反应。均缩聚反应的单体只有一种，但单体带有两种不同的官能团。例如，结构为 HO—R—COOH 形式的单体，此单体为2官能度体系，可以发生均缩聚反应生成聚合物。含有不同官能团的两种单体分子间进行的缩聚反应则为混缩聚反应。例如，结构为 $HO—R_1—OH + HOOC—R_2—COOH$ 形式的单体体系。在均缩聚反应、混缩聚反应体系中再加入另外一种单体而进行的缩聚反应则为共缩聚反应：

$$n\,HO—R_1—OH + m\,HO—R_2—OH + k\,HOOC—R_3—COOH \longrightarrow \text{聚合物}$$

根据缩聚反应的热力学特征，缩聚反应又可分为可逆（平衡）缩聚反应与不可逆（非平衡）缩聚反应。缩聚反应不同程度上都存在逆反应，平衡常数小于 10^3 的缩聚反应，聚合时必须充分除去小分子副产物，才能获得较高分子量的聚合产物，通常称作可逆缩聚反应。如由二元醇、二元胺与二元羧酸合成聚酯、聚酰胺的反应。平衡常数大于 10^3 的缩聚反应，官能团之间的反应活性非常高，聚合时几乎不需要除去小分子副产物，且可获得高分子量的聚合物。如由二元酰氯同二元胺生成聚酰胺的反应。

缩聚反应具有这样的特点：单体官能度 $f \geqslant 2$；缩聚反应属于逐步聚合机理；在缩聚过程中有小分子化合物析出；大部分属于杂链高分子，链上含有官能团结构特征。

（2）逐步加成反应（聚加成反应）

逐步加成反应的每一步都是官能团间的加成反应，反应过程中没有小分子副产物析出。用逐步加成反应制备的聚合物最具代表性是聚氨酯。聚氨酯的性能可以在非常大的范围内调整，例如有聚氨酯弹性体、塑料、涂料、黏合剂及聚氨酯纤维等。因此逐步加成反应在工业上非常重要。聚氨酯逐步加成反应的单体为 $O=C=N—R_1—N=C=O$ 和 $HO—R_2—OH$，反应式如下：

$$n\,O=C=N—R_1—N=C=O + n\,HO—R_2—OH \longrightarrow \left[\overset{\overset{\large O}{\|}}{C}—NH—R_1—NH—\overset{\overset{\large O}{\|}}{C}—O—R_2—O \right]_n$$

R—N=C=O 为异氰酸酯化合物，基团—N=C=O 为异氰酸酯基，异氰酸酯基有很高的反应活性。上述反应是异氰酸酯基与含活泼氢的物质（醇）的加成反应，异氰酸酯基有两个双键，反应的最终结果是—N=C—双键被加成，醇的氢加到 N 原子上，醇的氧加到 C 原子上。

（3）开环逐步聚合反应

由环状单体通过环的打开而形成聚合物的过程，称为开环聚合。例如环氧乙烷、环氧丙烷、ε-己内酰胺的开环聚合。开环聚合往往具有逐步的性质，即聚合物的分子量随着反应时间的延长而缓慢增大而不是瞬间形成大分子，但链增长过程是增长链末端与单体分子反应的结果，这又与链式聚合过程相似。

3. 共聚合反应

由一种单体进行的聚合反应称为均聚，形成的聚合物称均聚物。均聚物只由一种单体单元组成。由两种或两种以上的单体共同参加的聚合反应，称共聚合。共聚合所形成的聚合物含有两种或多种单体单元，这类聚合物称共聚物。由两种单体进行的二元链式共聚合是共聚合反应的基本体系。

共聚合按共聚单体种类分为二元共聚、三元共聚、多元共聚。按反应历程分为链式聚合和逐步聚合。链式聚合包括自由基共聚、阴离子共聚、阳离子共聚。逐步聚合分为均缩聚、混缩聚和共缩聚。按序列结构分为无规共聚物、交替共聚物、嵌段共聚物和接枝共聚物。

表 1-1 为各种共聚物结构比较。

表 1-1 各种共聚物结构比较

名称	无规共聚物	交替共聚物	嵌段共聚物	接枝共聚物
定义	M_1,M_2 单体在分子链上呈无序排列，而且某一单体链段不能太长	M_1,M_2 单体在分子链上相间排列	较长 M_1 链段与较长 M_2 链段间隔排列	主链由 M_1 组成，支链由 M_2 组成
形式	$—M_1M_2M_2M_1M_1M_2—$	$—M_1M_2M_1M_2M_1M_2—$	$—M_1M_1M_1M_1M_1$ $M_2M_2M_2M_2M_2—$	$—M_1M_1M_1M_1M_1—$ | $M_2M_2M_2$
命名	聚 $M_1—M_2$ $M_1—M_2$ 无规共聚物	聚 $M_1—M_2$ $M_1—M_2$ 交替共聚物	聚 $M_1—M_2$ $M_1—M_2$ 嵌段共聚物	聚 $M_1—M_2$ $M_1—M_2$ 接枝共聚物

聚合物组成是决定共聚物性能的主要因素之一。不同的单体对进行共聚反应时，由于单体间的反应能力有很大差别，导致共聚行为相差很大。习惯上多用两共聚单体的竞聚率来判断其活性大小。竞聚率是均聚和共聚链增长反应速率常数之比。竞聚率越大，该单体越易均聚；反之，易共聚。我们可以用以下方法来控制共聚物的组成：首先，可以在恒比点处投料；其次，可以使用控制转化率的一次投料法；最后，补加活泼单体法也可以控制共聚物的组成。

共聚合最重要的意义是为聚合物改性提供了一种重要的方法，可调节性大，可以在不同单体间进行调节，也可以实现相同单体组成的不同排列组合。这样能够充分利用单体，拓宽原料范围。同时共聚合能够为聚合物提供特殊的功能性，获得最佳综合性能。

三、聚合方法

与无机、有机合成不同，聚合物合成除了要研究反应机理外，还存在一个聚合方法问题，即完成一个聚合反应所采用的方法。主要研究物料配比、组成、工艺条件、场所、过程等。从聚合物的合成看，第一步是化学合成路线的研究，主要是聚合反应机理、反应条件(如引发剂、溶剂、温度、压力、反应时间等）的研究；第二步是聚合工艺条件的研究，主要是聚合方法、原料精制、产物分离及后处理等研究。聚合方法的选择要考虑产品的用途和特点，同时还要兼顾生产效率和经济费用。自由基聚合的实施方法主要有本体聚合、悬浮聚合、溶液聚合和乳液聚合。离子型聚合则由于活性中心对杂质的敏感性而多采用溶液聚合或本体聚合。逐步聚合采用的聚合方法主要有熔融缩聚、溶液缩聚和界面缩聚。

1. 本体聚合

(1) 定义

不加其他介质，单体在引发剂或催化剂或热、光、辐射等其他引发方法作用下进行的聚合称为本体聚合。对于热引发、光引发或高能辐射引发，则体系仅由单体组成。

(2) 基本组成

单体、引发剂。有时也加入增塑剂、抗氧剂、紫外线吸收剂和色料等。

(3) 特点

① 聚合方法简单，生产速度快，产品纯度高，设备少。产物纯净，适于生产板材、型材等透明制品，也可生产电绝缘材料和医用材料。

② 易产生局部过热，致使产品变色，产生气泡甚至发生爆聚。

③ 反应温度不易恒定，所以反应产物的分子量分散性较大。

④ 产品容易老化。

（4）主要产品

聚苯乙烯、聚甲基丙烯酸甲酯、聚乙烯、聚氯乙烯等。

（5）主要影响因素

① 单体的聚合热：本体聚合会放出大量的热量，如何排除热量是生产中的第一个关键问题。工业生产中一般采用两段式聚合。第一段在较大的聚合釜中进行，控制转化率在10％～40％；第二段进行薄层（如板状）聚合或以较慢的速度进行。

② 聚合产物的出料：聚合产物的出料是本体聚合的第二个问题，控制不好不但会影响产品的质量，还会造成生产事故。

2. 溶液聚合

（1）定义

单体和引发剂或催化剂溶于适当的溶剂中的聚合反应称为溶液聚合。

（2）基本组成

单体、引发剂、溶剂、催化剂。

引发剂或催化剂的选择与本体聚合要求相同。由于体系中有溶剂存在，因此要同时考虑引发剂在单体和溶剂中的溶解性。溶液聚合中溶剂的选择主要考虑以下几方面：溶解性，包括对引发剂、单体、聚合物的溶解性；活性，即尽可能不产生副反应及其他不良影响，如反应速率、微观结构等；此外，还应考虑的方面有易于回收、便于再精制、无毒、易得、价廉、便于运输和贮藏等。

（3）特点

① 聚合热易扩散，聚合反应温度易控制。

② 单体被溶剂稀释，聚合速率慢，产物分子量较低；设备利用率低，导致成本增加；溶剂的使用导致环境污染问题。

（4）主要产品

聚丙烯腈、聚醋酸乙烯酯、聚丙烯酸酯类等。

（5）主要影响因素

溶剂是溶液聚合的主要影响因素，自由基溶液聚合时，必须考虑下列两个方面的问题：

① 对自由基溶液聚合活性的影响。溶剂对引发剂有无诱导分解反应发生，链自由基对溶剂有无链转移反应，这两方面的作用都可能影响聚合速率和分子量。

② 溶剂对聚合物的溶解能力大小，对凝胶效应的影响。选用良溶剂时，为均相反应，如果单体浓度不高，可能不出现凝胶效应。选用沉淀剂时，则成为沉淀聚合，凝胶效应显著。

3. 悬浮聚合

（1）定义

将不溶于水的、而溶有引发剂的单体，利用强烈的机械搅拌以小液滴的形式，分散在溶有分散剂的水相介质中，完成聚合反应的一种方法称为悬浮聚合。

（2）基本组成

单体、水、分散剂（悬浮剂）、引发剂。

分散剂的主要作用是降低表面张力，帮助单体分散成液滴；在液滴表面形成保护膜，防止液滴沾并；防止出现结块危险。分散剂主要有两类：水溶性高分子和难溶性无机物。

① 水溶性高分子，一般用量约为单体的0.05％～0.2％。吸附在单体液滴表面，形成一

层保护膜，起保护胶体的作用；同时，使液滴变小。如明胶、淀粉、聚乙烯醇等。

② 难溶性无机物，一般用量约为单体的0.1%～0.5%。主要起机械隔离的作用。如：硫酸钡、碳酸钡、碳酸钙、滑石粉、黏土等。

（3）特点

① 工业生产技术路线成熟、方法简单、成本低。

② 产品质量稳定、纯度较高。

③ 易移出反应热、操作安全、温度容易控制。

④ 产物粒径可以控制。

⑤ 只能间歇操作，不宜连续操作。

（4）主要产品

聚氯乙烯、聚苯乙烯、离子交换树脂、聚(甲基)丙烯酸酯类、聚醋酸乙烯酯及它们的共聚物等。

（5）主要影响因素

悬浮聚合的主要影响因素是一些与粒径的大小和形态有关的因素。粒径的大小与形态取决于搅拌强度、分散剂性质和浓度、聚合温度、引发剂种类和用量、聚合速率、单体种类、其他添加剂等。

4. 乳液聚合

（1）定义

在用水或其他液体作介质的乳液中，按胶束机理或低聚物机理生成彼此孤立的乳胶粒，在其中进行自由基聚合或离子聚合来生产聚合物的一种方法称为乳液聚合。

（2）基本组成

单体、水、乳化剂、水溶性引发剂。

乳化剂是决定乳液聚合成败的关键组分。乳化剂一般是一类表面活性剂，能使油水变成相当稳定的难以分层的乳状液物质。乳化剂可以降低表面张力，形成稳定乳状液，使每个颗粒稳定地分散并悬浮于水中而不凝聚。按照亲水基团的性质可以将乳化剂分为阴离子型乳化剂、阳离子型乳化剂、非离子型乳化剂和两性乳化剂。阴离子型乳化剂是使用最多的主要乳化剂，多在碱性介质中使用。最常见的有皂类、十二烷基硫酸钠、十二烷基苯磺酸盐等。阳离子型乳化剂多在酸性介质中使用，乳液聚合一般较少使用。常见的有伯铵盐、仲铵盐、叔铵盐和季铵盐类。非离子型乳化剂对介质酸碱性不敏感，一般作辅助乳化剂使用，常见的有聚环氧乙烷类物质。两性乳化剂本身带有碱性基团和酸性基团。常见的有羧酸型、硫酸酯型、磷酸酯型、磺酸型等。

（3）特点

① 反应速度快，聚合物分子量高。

② 易移出反应热（水作导热介质）。

③ 乳化液稳定，利于连续生产。产物是乳胶，可以直接用作水乳漆、黏合剂。

④ 若最终产品为固体聚合物时，后处理复杂，生产成本高。

（4）主要产品

丁苯橡胶、丁腈橡胶、糊状聚氯乙烯、聚甲基丙烯酸甲酯、聚醋酸乙烯酯（乳白胶）等。

表1-2为链式聚合各种聚合方法组分比较。

表 1-2　链式聚合各种聚合方法组分比较

单体-介质	本体聚合	溶液聚合	悬浮聚合	乳液聚合
单体	√	√	√	√
引发剂	√	√	√	√
有机溶剂		√		
水			√	√
分散剂/悬浮剂			√	
乳化剂				√

5. 熔融缩聚

（1）定义

在单体、聚合物和少量催化剂熔点以上（一般高于熔点 10～25℃）进行的缩聚反应称为熔融缩聚。熔融缩聚为均相反应，符合缩聚反应的特点，也是应用十分广泛的聚合方法。

（2）特点

① 工艺简单，可间歇进行，也可连续进行，是研究得比较充分的一种缩聚反应。

② 温度较高，一般在 200～300℃。

③ 反应时间较长。

④ 减少副反应的发生，常需在惰性气体保护下进行。

⑤ 反应后期需在高真空下进行。

（3）影响因素

熔融缩聚反应主要的影响因素是单体配料比和反应程度。单体配料比对产物平均分子量有决定性影响。通过排出低分子副产物的办法提高反应程度。

（4）主要产品

熔融缩聚物可直接进行纺丝、成片、拉幅或切粒，再经洗涤、干燥得成品。涤纶、聚酰胺、聚碳酸酯等都用此法生产。

6. 溶液缩聚

（1）定义

单体、催化剂在溶剂中进行的缩聚反应称为溶液缩聚。根据反应温度不同，可分为高温溶液缩聚和低温溶液缩聚，反应温度在 100℃以下的称为低温溶液缩聚。按反应性质分可逆、不可逆溶液缩聚。按产物溶解情况分均相、非均相溶液缩聚。

（2）特点

① 温度较低，反应缓和且平稳。

② 有利于热量交换，避免局部过热。

③ 不需高真空，要求单体活性较高。

④ 成本较高，设备利用率较低，溶剂除去较困难。

（3）影响因素

溶液缩聚中溶剂的作用十分重要，一是有利于热交换，避免了局部过热现象，比熔融缩聚反应缓和、平稳；二是对于平衡反应，溶剂的存在有利于除去小分子，不需要真空系统，另外对于与溶剂不互溶的小分子，可以将其有效地排除在缩聚反应体系之外。

（4）主要产品

聚苯醚、聚砜和聚芳醚酮等工程塑料都用此法生产。

7. 界面缩聚

（1）定义

两种单体分别溶于互不相溶的两个溶剂中，在两相界面处进行的缩聚反应称为界面聚合。根据体系的相状态可分：液-液、液-气界面缩聚；按工艺方法分为：静态、动态界面缩聚。

（2）特点

① 是复相反应。

② 是扩散控制过程。

③ 反应速度快。

④ 是不可逆反应。

（3）影响因素

单体配料比是影响界面缩聚反应的主要因素。此外，单官能团化合物会降低产物分子量。

（4）主要产品

要求单体活性高，故价格较高；溶剂用量多，处理回收麻烦限制了它的工业应用。例如聚碳酸酯、聚芳酯、聚酰胺等。

8. 聚合方法的选择

各种聚合方法都有自己的优点与缺点，我们更多地应该按照所制备聚合物的性质和用途来选择聚合实施方法。同时还应该考虑经济效益和环境污染问题，只有这样才能够选择最优的聚合方法。表 1-3 和表 1-4 对前面介绍过的各种聚合方法做一小结。

表 1-3　各种链式聚合方法的比较

特征	本体聚合	溶液聚合	悬浮聚合	乳液聚合
主要成分	单体、引发剂	单体、引发剂、溶剂	单体、引发剂、水、分散剂	单体、引发剂、水、乳化剂
聚合场所	本体内	溶液内	单体液滴内	乳胶粒内
聚合机理	遵循自由基聚合机理，提高速率往往使分子量降低	有向溶剂的链转移反应，分子量及反应速率较低	遵循自由基聚合机理，提高速率往往使分子量降低	能同时提高聚合速率和分子量
生产特征	反应热不易排出，间歇生产或连续生产，设备简单，宜制板材和型材	散热容易，可连续生产，不宜干燥粉状或粒状树脂	散热容易，间歇生产，需有分离、洗涤、干燥等工序	易散热，可连续生产，固体树脂需经凝聚、洗涤、干燥等工序
产物特征	聚合物纯净，宜于生产透明浅色制品，分子量分布较宽	聚合液可直接使用	比较纯净，可能留有少量分散剂	留有少量乳化剂和其他助剂

表 1-4　各种缩聚实施方法比较

特点	熔融缩聚	溶液缩聚	界面缩聚
优点	生产工艺过程简单，生产成本较低，可连续生产，设备的生产能力高	溶剂可降低反应温度，避免单体和聚合物分解。反应平稳易控制，与小分子共沸或反应而脱除。聚合物溶液可直接使用	反应条件温和，反应不可逆，对单体配比要求不严格
缺点	反应温度高，单体配比要求严格，要求单体和聚合物在反应温度下不分解。反应物料黏度高，小分子不易脱除。局部过热会有副反应，对设备密封性要求高	增加聚合物分离、精制、溶剂回收等工序，加大成本且有“三废”。生产高分子量产品需将溶剂脱除后进行熔融缩聚	必须用高活性单体，如酰氯，需要大量溶剂，产品不易精制
适用范围	广泛用于大品种缩聚物，如聚酯、聚酰胺	适用于聚合物反应后单体或聚合物易分离的产品。如芳香族、芳杂环聚合物等	芳香族酰氯生产芳酰胺等特种性能聚合物

第二节　聚合物物理性能

一、聚合物结晶性能

绝大部分聚合物的分子量和分子尺寸都是多分散的，聚合物结晶要求分子链的片段有能够进行周期性排列的条件。聚合物晶体中晶胞的结构基元不再是整个链，而是分子链上的重复单元。聚合物结晶在日常生活、科学研究以及工业生产中都有十分重要的应用。

1. 聚合物结晶形态

根据结晶条件不同，又可形成多种形态的晶体：单晶、树枝晶、球晶、纤维状晶和串晶、伸展链晶等。

（1）单晶

单晶是具有一定几何外形的薄片状晶体。一般聚合物的单晶只能从极稀溶液中缓慢结晶而成。图 1-1 是聚乙烯单晶片的电镜照片。

（2）树枝晶

溶液浓度较大，温度较低的条件下或高分子分子量太大结晶时，高分子的扩散成为结晶生长的控制因素，此时在突出的棱角上要比其他邻近处的生长速度更快，从而倾向于树枝状地生长，最后形成树枝状晶体。图 1-2 是聚乙烯树枝晶的电镜照片。

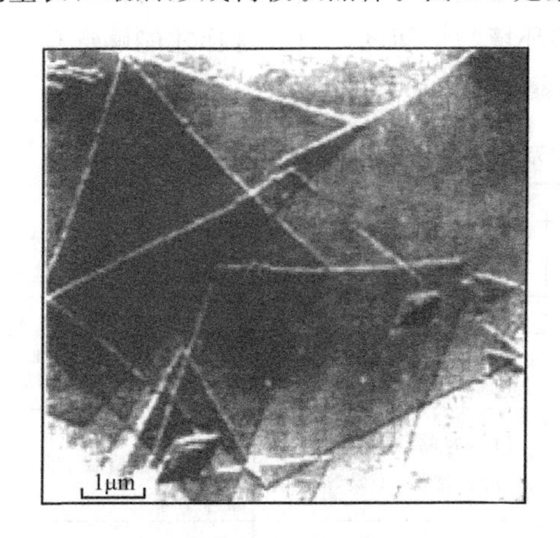

图 1-1　聚乙烯单晶片的电镜照片

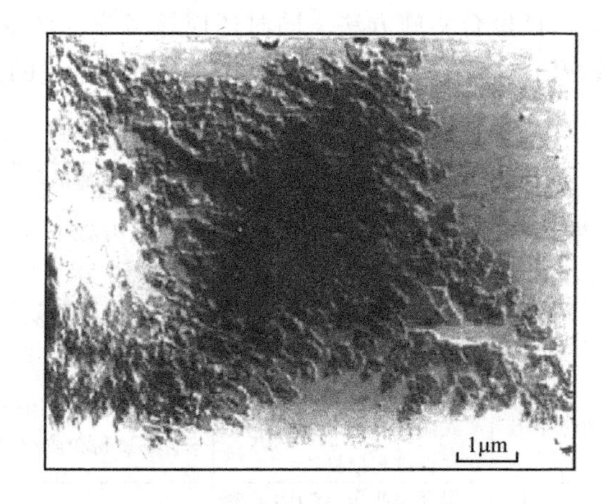

图 1-2　聚乙烯树枝晶的电镜照片

（3）球晶

聚合物最常见的结晶形态为圆球状晶体，尺寸较大，一般是由结晶性聚合物从浓溶液中析出或由熔体冷却时形成的。球晶在正交偏光显微镜下可观察到其特有的黑十字消光或带同心圆的黑十字消光图像。图 1-3 是等规聚苯乙烯球晶的偏光显微镜照片。

（4）伸展链晶

伸展链晶是由完全伸展的分子链平行规整排列而成的小片状晶体。晶体中分子链平行于晶面方向，晶片厚度基本与伸展的分子链长度相当。这种晶体主要形成于高温高压下。这种晶体熔点最高，相当于无限厚片晶的熔点。被认为是高分子热力学上最稳定的一种聚集态结构。图 1-4 是聚乙烯伸展链晶的电镜照片。

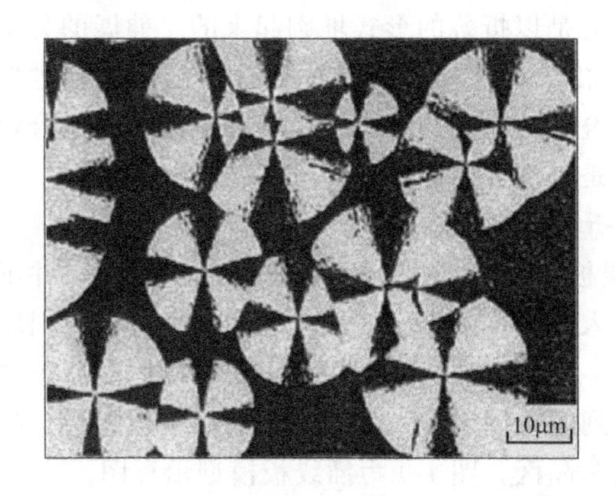

图 1-3　等规聚苯乙烯球晶的偏光显微镜照片

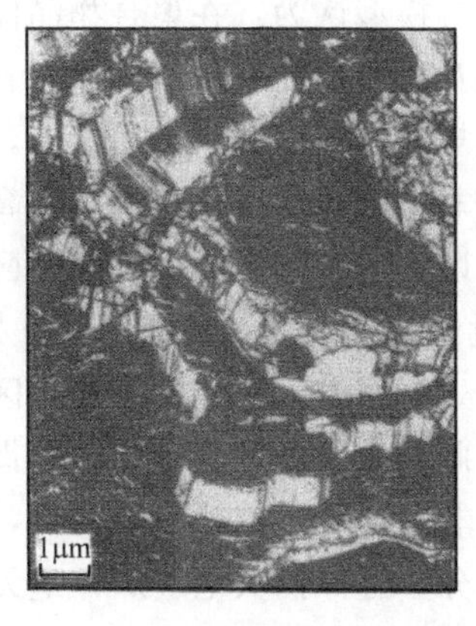

图 1-4　聚乙烯伸展链晶电镜照片

（5）纤维状晶和串晶

纤维状晶是在流动场的作用下使高分子链的构象发生畸变，成为沿流动方向平行排列的伸展状态，在适当的条件下结晶而成的。特别是受到搅拌、拉伸或剪切等应力作用时，可形成纤维状晶体。有时聚合物在应力下结晶形成一种类似串珠的结构，称之为串晶。图 1-5 是聚乙烯纤维状晶体的电镜照片。图 1-6 是聚乙烯串晶的电镜照片。

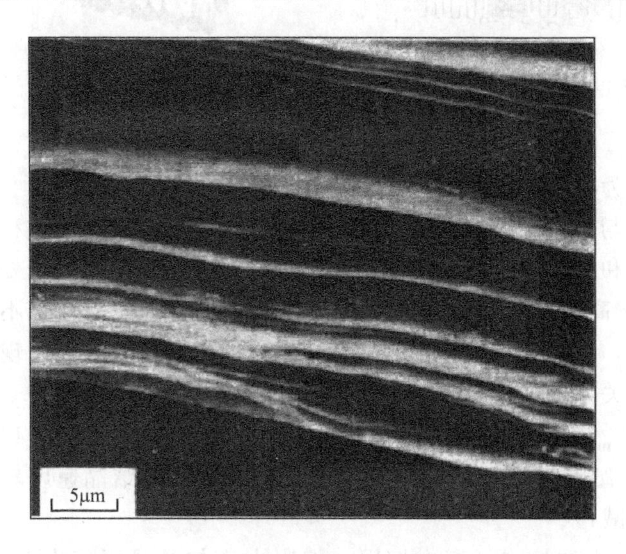

图 1-5　聚乙烯纤维状晶体的电镜照片

图 1-6　聚乙烯串晶的电镜照片

2. 聚合物的晶态结构模型

聚合物晶态结构模型主要有三种：缨状微束模型、折叠链模型和插线板模型。

缨状微束模型认为：结晶高分子是部分高分子链段的规整排列，晶区与非晶区互相穿插，同时存在。晶区是规则排列的分子链段微束，取向是随机的；在非晶区中分子链是无序排列。晶区的尺寸很小，一个分子链可以同时穿越若干个晶区和非晶区。图 1-7 为缨状微束模型示意图。

这一模型解释了聚合物性能中的许多特点，如晶区部分具有较高的强度，而非晶部分降低了聚合物的密度，提供了形变的自由度等。但是未描述晶体的具体形状，没有能够提出晶体间的关系，未体现结晶条件的影响。

折叠链模型认为：在聚合物晶体中，高分子链是以折叠的形式堆砌起来的。伸展的分子倾向于相互聚集在一起形成链束，高分子链规整排列的有序链束构成聚合物结晶的基本单元。这些规整的有序链束表面能大，能自发地折叠成带状结构，进一步堆砌成晶片。聚合物中晶区与非晶区同时存在，同一条高分子链可以是一部分结晶，一部分不结晶；并且同一高分子链可以穿透不同的晶区和非晶区。图 1-8 为折叠链模型示意图。

20 世纪 60 年代初，P. J. Flory 提出了“插线板模型”，认为分子链从片晶出来后，并不在其近邻处折回去，而是进入非晶区后，或者进入到另一片晶中，或者以无规方式再返回原片晶。因此，晶片之间因分子链的贯穿而联系在一起是必然的。一根分子链可以同时属于结晶部分和非晶部分。就一片层而言，分子链的排列方式同老式电话交换台的插线板相似，晶片表面的分子链像插头电线那样毫无规则，构成非晶区。图 1-9 为插线板模型示意图。

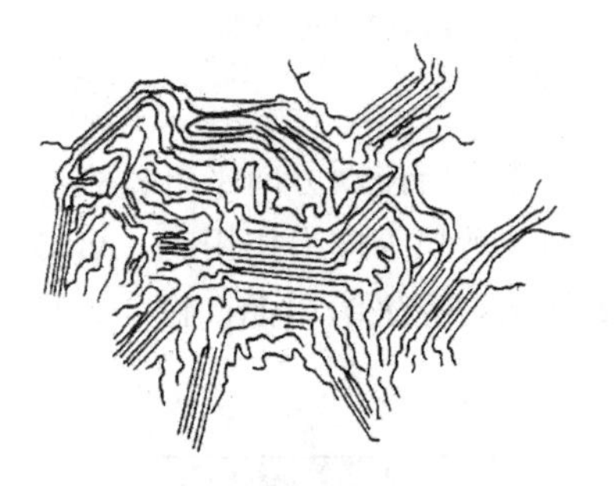

图 1-7　缨状微束模型

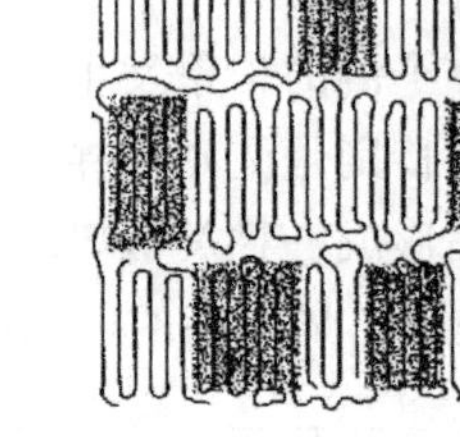

图 1-8　折叠链模型

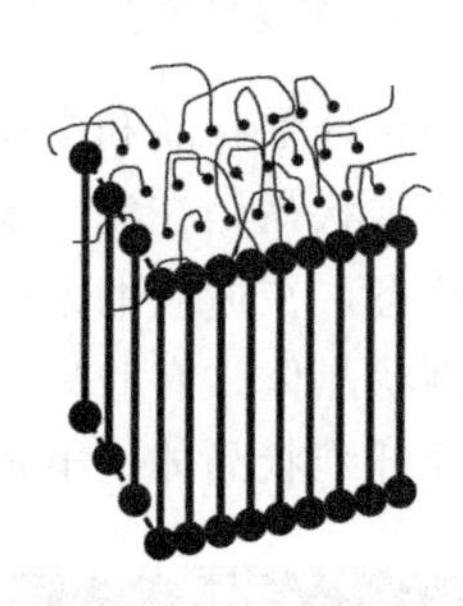

图 1-9　插线板模型

3. 聚合物结晶过程的特点

聚合物结晶是高分子链从无序转变为有序的过程，有三个特点：

① 结晶必须在玻璃化转变温度 T_g 与熔点 T_m 之间的温度范围内进行。聚合物结晶过程与小分子化合物相似，要经历晶核形成和晶粒生长两个阶段。温度高于熔点 T_m，高分子处于熔融状态，晶核不易形成；低于 T_g，高分子链运动困难，难以进行规整排列，晶核也不能生成，晶粒难以生长。结晶温度不同，结晶速度也不同，在某一温度时出现最大值，出现最大结晶速度的结晶温度可由以下经验关系式估算：

$$T_{max}=0.85T_m \tag{1-1}$$

② 同一聚合物在同一结晶温度下，结晶速度随结晶过程而变化。一般最初结晶速度较慢，中间有加速过程，最后结晶速度又减慢。

③ 结晶聚合物结晶不完善，没有精确的熔点，存在熔限。熔限大小与结晶温度有关。结晶温度低，熔限宽，反之则窄。这是由于结晶温度较低时，高分子链的流动性较差，形成的晶体不完善，且各晶体的完善程度差别大，因而熔限宽。

4. 聚合物结晶过程的影响因素

（1）分子链结构

聚合物的结晶能力与分子链结构密切相关，凡分子结构对称（如聚乙烯）、规整性好（如等规立构聚丙烯）、分子链相互作用强（如能产生氢键或带强极性基团，如聚酰胺等）的聚合物易结晶。分子链的结构还会影响结晶速度，一般分子链结构越简单、对称性越高、取代基空间位阻越小、立体规整性越好，结晶速度越快。

（2）温度

温度对结晶速度的影响极大，有时温度相差甚微，但结晶速度常数可相差上千倍。

(3) 应力

应力能使分子链沿外力方向有序排列，可提高结晶速度。

(4) 分子量

对同一聚合物而言，分子量对结晶速度有显著影响。在相同条件下，一般分子量低，结晶速度快。

(5) 杂质

杂质影响较复杂，有的可阻碍结晶的进行，有的则能加速结晶。能促进结晶的物质在结晶过程中往往起成核作用（晶核），称为成核剂。

二、聚合物的流变性能

流变学是研究材料流动和变形规律的一门科学。聚合物液体流动时，以黏性形变为主，兼有弹性形变，故称之为黏弹体。它的流变行为强烈地依赖于聚合物本身的结构、分子量及其分布、温度、压力、时间、作用力的性质和大小等外界条件。

1. 牛顿流体与非牛顿流体

牛顿在研究液体流动时发现，温度一定时，低分子液体在流动时的切应力和剪切速率之间存在着如下关系

$$\tau=\eta\left(\frac{\mathrm{d}v}{\mathrm{d}r}\right)=\eta\left(\frac{\mathrm{d}\gamma}{\mathrm{d}t}\right)=\eta\dot{\gamma} \tag{1-2}$$

式中，τ 为剪切应力，牛顿/平方米（$\mathrm{N/m^2}$）；$\frac{\mathrm{d}v}{\mathrm{d}r}$为液层之间的单位距离内的速度差，称为速度梯度；$\frac{\mathrm{d}\gamma}{\mathrm{d}t}$为单位时间内的切应变，称为剪切速率；$\eta$ 为称为剪切黏度或牛顿黏度，牛顿·秒/平方米（$\mathrm{N\cdot s/m^2}$），即帕斯卡·秒（$\mathrm{Pa\cdot s}$）；$\dot{\gamma}$ 为剪切速率，$\mathrm{s^{-1}}$。

凡是液体层流时符合牛顿流动规律的统称为牛顿流体，其特征为应变随应力作用的时间线性地增加，且黏度保持不变（定温情况下），应变具有不可逆性质，应力解除后应变以永久变形保持下来。不符合牛顿定律的液体是非牛顿流体，即 η 是 $\dot{\gamma}$ 或时间 t 的函数。

非牛顿流体的应力-应变速率关系可用幂律方程来描述：

$$\tau=K\left(\frac{\mathrm{d}v}{\mathrm{d}r}\right)^n=K\left(\frac{\mathrm{d}\gamma}{\mathrm{d}t}\right)^n=K\dot{\gamma}^n \tag{1-3}$$

式中，K 为与温度有关的常数，称为流体稠度；n 为流动指数，也称为非牛顿指数。

式(1-3) 可以改写成

$$\tau=(K\dot{\gamma}^{n-1})\dot{\gamma} \tag{1-4}$$

设

$$\eta_{\mathrm{a}}=K\dot{\gamma}^{n-1} \tag{1-5}$$

那么将式(1-5) 代入式(1-4) 得

$$\tau=\eta_{\mathrm{a}}\dot{\gamma} \tag{1-6}$$

其中 η_{a} 是非牛顿液体的表观黏度。

就表观黏度的力学性质而言，它与牛顿黏度相同。但是，表观黏度表征的是非牛顿液体（服从指数流动规律）在外力的作用下抵抗剪切变形的能力。由于非牛顿液体的流动规律比较复杂，表观黏度除与流体本身的性质以及温度有关以外，还受剪切速率的影响，这就意味着外力的大小及其作用时间也能改变流体的黏稠性。

当 $n=1$ 时，$\eta_a=K=\eta$，这意味着非牛顿流体变为牛顿流体，所以，n 值可以用来反映非牛顿流体偏离牛顿流体性质的程度。

$n\neq1$ 时，绝对值 $|1-n|$ 越大，流体的非牛顿性越强，剪切速率对表观黏度的影响越大。

其中 $n<1$ 时，称为假塑性流体。这个时候 η 随 $\dot{\gamma}$ 的增大而减小，是切力变稀体。在注射成型中，除了热固性聚合物和少数热塑性聚合物外，大多数聚合物熔体均有近似假塑性流体流变学的性质。

$n>1$ 时，称为膨胀性流体。η 随 $\dot{\gamma}$ 的增大而增大，是切力变稠体。属于膨胀性流体的主要是一些固体含量较高的聚合物悬乳液，例：悬浮体系、聚合物胶乳等。

有些流体，只有当剪切应力大于一定值时才产生牛顿流动，否则流体不动。例如：牙膏、涂料等。这样的流体称为宾汉流体。图 1-10 是各种流体的流动曲线。

2. 聚合物流动曲线

绝大多数实际的聚合物的流动行为遵从普适流动曲线，可分为三个主要区域，如图 1-11 所示。

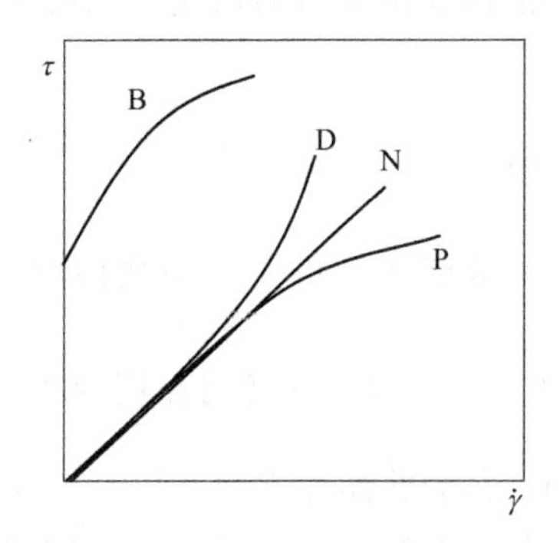

图 1-10　各种流体的流动曲线

N—牛顿流体；D—膨胀性流体；P—假塑性流体；B—宾汉流体

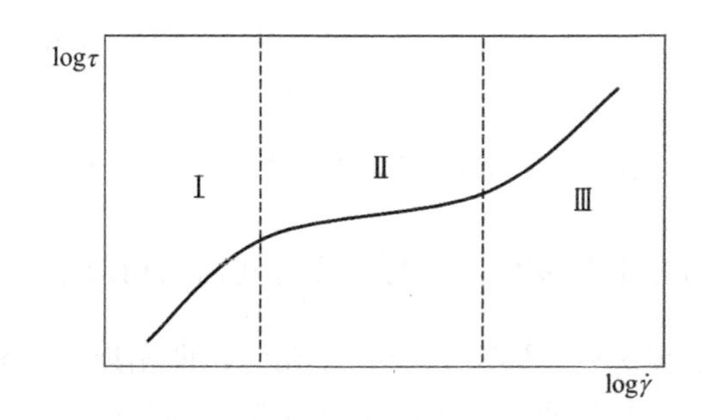

图 1-11　聚合物流动曲线

（1）Ⅰ区：第一牛顿区

低切变速率，曲线的斜率 $n=1$，符合牛顿流动定律。该区的黏度通常称为零切黏度 η_0，即 $\dot{\gamma}\rightarrow0$ 的黏度。

（2）Ⅱ区：假塑性区（非牛顿区）

流动曲线的斜率 $n<1$，该区的黏度为表观黏度 η_a，随着切变速率的增加，η_a 值变小。通常聚合物流体加工成型时所经受的切变速率在这一范围内。

（3）Ⅲ区：第二牛顿区

在高切变速率区，流动曲线的斜率 $n=1$，符合牛顿流动定律。该区的黏度称为无穷切黏度或极限黏度 η_∞。

聚合物流体假塑性行为通常可以用分子缠结理论解释。当分子量超过一定值后，链间可能因为缠结或者范德华力作用形成链间物理交联点，并在分子热运动的作用下处在不断解体与重建的动态平衡中，结果使整个熔体具有瞬变的交联空间网状结构，称为拟网状结构。在足够小的切变速率下，大分子处于高度缠结的拟网状结构，流动阻力很大，此时缠结结构的破坏速度等于生成速度，故黏度保持恒定最高值，表现为牛顿流体的流动行为。当切变速率变大时，大分子在剪切作用下由于构象的变化，而解缠结并沿流动方向取向，此时缠结结构破坏速度大于生成速度，故黏度逐渐变小，表现出假塑性流体（剪切变稀）的行为。当达到强剪切速率时，大分子的缠结结构完全被破坏，并完全取向，此时的流动黏度最小，体系黏度达到最小值，表现出牛顿流体的行为。

3. 聚合物流体流动中的弹性效应

聚合物流体是一种兼有黏性和弹性的液体。特别是当分子量大，外力作用时间短或速度很快，温度在熔点以上不多时，弹性效应显著。弹性效应主要表现在如下几种现象。

（1）爬杆效应

当聚合物熔体或浓溶液在容器中进行搅拌时，因受到旋转剪切的作用，流体会沿内筒壁或轴上升，发生包轴或爬杆现象。爬杆现象产生的原因是存在法向应力差。

（2）挤出胀大现象

当聚合物熔体从喷丝板小孔、毛细管或狭缝中挤出时，挤出物的直径或厚度会明显地大于模口尺寸，有时会胀大两倍以上，这种现象称作挤出胀大现象，或称巴拉斯效应。

（3）熔体破裂现象

聚合物熔体在挤出时，当剪切速率过大超过某临界值时，随剪切速率的继续增大，挤出物的外观将依次出现表面粗糙、不光滑、粗细不均，周期性起伏，直至破裂成碎块等现象，这些现象统称为不稳定流动或弹性湍流，其中最严重的为熔体破裂。

三、聚合物的力学性质

聚合物的力学性能指的是其受力后的响应，如形变大小、形变的可逆性及抗破损性能等，这些响应可用一些基本的指标来表征。

1. 力学性质的基本物理量

（1）应变与应力

材料在外力作用下，其几何形状和尺寸所发生的变化称应变或形变，通常以单位长度（面积、体积）所发生的变化来表征。材料在外力作用下发生形变的同时，在其内部还会产生对抗外力的附加内力，以使材料保持原状。当外力消除后，内力就会使材料恢复原状并自行逐步消除。当外力与内力达到平衡时，内力与外力大小相等，方向相反。单位面积上的内力定义为应力。材料受力方式不同，发生形变的方式亦不同，材料受力方式主要有以下三种类型：

① 简单拉伸　材料受到一对垂直于材料截面、大小相等、方向相反并在同一直线上的外力作用。材料在拉伸作用下产生的形变称为拉伸应变，也称相对伸长率。

拉伸应力：
$$\sigma=\frac{F}{A_0} \tag{1-7}$$

拉伸应变：
$$\varepsilon=\frac{l-l_0}{l_0}=\frac{\Delta l}{l_0} \tag{1-8}$$

杨氏模量：
$$E=\frac{\sigma}{\varepsilon} \tag{1-9}$$

拉伸柔量：
$$D=\frac{1}{E} \tag{1-10}$$

② 简单剪切　材料受到与截面平行、大小相等、方向相反，但不在一条直线上的两个

外力作用，使材料发生偏斜。其偏斜角的正切值定义为剪切应变。

剪切应力：
$$\sigma_s = \frac{F}{A_0} \tag{1-11}$$

剪切应变：
$$\gamma = \tan\theta \approx \theta(\text{当足够小时}) \tag{1-12}$$

剪切模量：
$$G = \frac{\sigma_s}{\gamma} \tag{1-13}$$

剪切柔量：
$$J = \frac{1}{G} \tag{1-14}$$

③ 均匀压缩　材料受到均匀压力 p 压缩时发生的体积形变称压缩应变。

压缩应变：
$$r_v = \frac{\Delta V}{V_0} \tag{1-15}$$

本体模量：
$$B = \frac{p}{\Delta V/V_0} \tag{1-16}$$

本体柔量：
$$K = \frac{1}{B} \tag{1-17}$$

有四个材料常数最重要，它们是 E、G、B 和 ν。ν 是泊松比，定义为在拉伸试验中，材料横向单位宽度的减小（$-\Delta m/m_0$）与纵向单位长度的增加（$\Delta l/l_0$）的比值，即

$$\nu = \frac{-\Delta m/m_0}{\Delta l/l_0} \tag{1-18}$$

没有体积变化时，$\nu=0.5$（例如橡胶）。大多数材料体积膨胀，$\nu<0.5$。四个材料常数已知两个就可以从下式计算另外两个。

$$E = 2G(1+\nu) = 3B(1-2\nu) \tag{1-19}$$

显然 $E>G$，也就是说拉伸比剪切困难。

三大高分子材料在模量上有很大差别，橡胶的模量较低，纤维的模量较高，塑料居中。图 1-12 是材料的变形示意图。分别为简单拉伸、简单剪切、简单压缩。

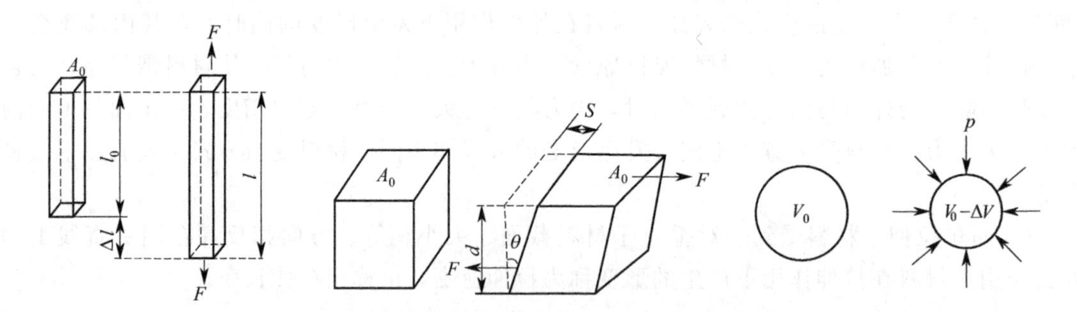

图 1-12　材料的变形示意图（分别为：简单拉伸、简单剪切、简单压缩）

（2）硬度

硬度是衡量材料表面承受外界压力能力的一种指标。

（3）机械强度

当材料所受的外力超过材料的承受能力时，材料就发生破坏。机械强度是衡量材料抵抗外力破坏的能力，是指在一定条件下材料所能承受的最大应力。根据外力作用方式不同，主要有以下三种。

① 抗张强度　衡量材料抵抗拉伸破坏的能力，也称拉伸强度。在规定试验温度、湿度

和实验速度下，在标准试样上沿轴向施加拉伸负荷，直至试样被拉断。试样断裂前所受的最大负荷 P 与试样横截面积之比为抗张强度。

$$t=P/bd \tag{1-20}$$

② 抗弯强度　抗弯强度也称挠曲强度或弯曲强度。抗弯强度的测定是在规定的试验条件下，对标准试样施加一静止弯曲力矩，直至试样断裂。设试验过程中最大的负荷为 P，则抗弯强度 f 为：

$$f=1.5Pl_0/bd^2 \tag{1-21}$$

③ 冲击强度　冲击强度也称抗冲强度，定义为试样受冲击负荷时单位截面积所吸收的能量，是衡量材料韧性的一种指标。测定时基本方法与抗弯强度测定相似，但其作用力是运动的，不是静止的。试样断裂时吸收的能量等于断裂时冲击头所做的功 W，因此冲击强度为：

$$i=W/bd \tag{1-22}$$

2. 非晶态聚合物的屈服与断裂

以一定速率单轴拉伸非晶态聚合物，其典型应力-应变曲线如图 1-13 所示。整个曲线可分成五个阶段：

① 弹性形变区，从直线的斜率可以求出杨氏模量，从分子机理来看，这一阶段的普弹性是由于高分子的键长、键角和小的运动单元的变化引起的。

② 屈服（又称应变软化）点，超过了此点，冻结的链段开始运动。

③ 大形变区，又称为强迫高弹形变，本质上与高弹形变一样，是链段的运动，但它是在外力作用下发生的。

④ 应变硬化区，分子链取向排列，使强度提高。

⑤ 断裂。

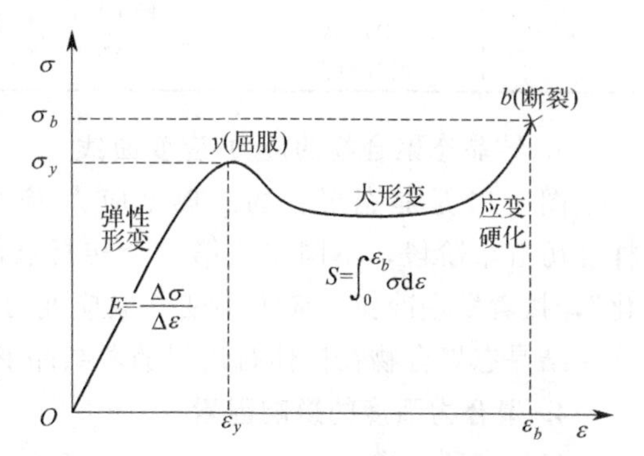

图 1-13　非晶态聚合物的应力-应变曲线

材料在屈服点之前发生的断裂称为脆性断裂，在屈服点后发生的断裂称为韧性断裂。在屈服点后出现的较大应变在移去外力后是不能复原的。但是如果将试样温度升到其 T_g 附近，该形变则可完全复原，因此它在本质上属高弹形变，并非黏流形变，是由高分子的链段运动所引起的，是一种强迫高弹形变。强迫高弹形变产生的原因在于在外力的作用下，玻璃态聚合物中本来被冻结的链段被强迫运动，使高分子链发生伸展，产生大的形变。但由于聚合物仍处于玻璃态，当外力移去后，链段不能再运动，形变也就得不到恢复，只有当温度升至 T_g 附近，使链段运动解冻，形变才能复原。这种大形变与高弹态的高弹形变在本质上是相同的，都是由链段运动所引起。

根据材料的力学性能及其应力-应变曲线特征，可将非晶态聚合物的应力-应变曲线大致分为五类，如表 1-5 所示。

① 材料硬而脆：在较大应力作用下，材料仅发生较小的应变，并在屈服点之前发生断裂，具有高的模量和抗张强度，但受力呈脆性断裂，冲击强度较差。

② 材料硬而强：在较大应力作用下，材料发生较小的应变，在屈服点附近断裂，具有

高模量和抗张强度。

③ 材料强而韧：具有高模量和抗张强度，断裂伸长率较大，材料受力时，属韧性断裂。以上三种聚合物由于强度较大，适于用作工程塑料。

④ 材料软而韧：模量低，屈服强度低，断裂伸长率大，断裂强度较高，可用于要求形变较大的材料。

⑤ 材料软而弱：模量低，屈服强度低，中等断裂伸长率。如未硫化的天然橡胶。

表 1-5　非晶态聚合物的应力-应变曲线类型比较

序号	1	2	3	4	5
类型	硬而脆	硬而强	强而韧	软而韧	软而弱
图形					
模量	高	高	高	低	低
拉伸强度	中	高	高	中	低
断裂伸长率	小	中	大	很大	中
断裂能	小	中	大	大	小
实例	PS PMMA 酚醛树脂	硬 PVC AS	PC ABS HDPE	硫化橡胶 软 PVC	未硫化橡胶

3. 结晶态聚合物的应力-应变曲线

图 1-14 是晶态聚合物的典型应力-应变曲线。同样经历五个阶段，不同点是第一个转折点出现“细颈化”，接着发生冷拉，应力不变，但应变可达 500%以上。结晶态聚合物在拉伸时还伴随着结晶形态的变化。

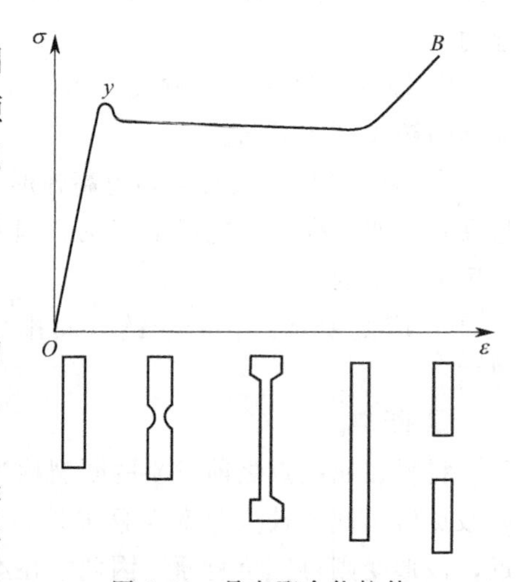

图 1-14　晶态聚合物拉伸过程的应力-应变曲线

4. 聚合物强度的影响因素

(1) 有利因素

① 聚合物自身的结构：主链中引入芳杂环，可增加链的刚性，分子链易于取向，强度增加；适度交联，有利于强度的提高。

② 结晶和取向：结晶和取向可使分子链规整排列，增加强度，但结晶度过高，可导致抗冲强度和断裂伸长率降低，使材料变脆。

③ 共聚和共混：共聚和共混都可使聚合物综合两种以上均聚物的性能，可有目的地提高聚合物的性能。

④ 材料复合：聚合物的强度可通过在聚合物中添加增强材料得以提高，如玻璃钢。

(2) 不利因素

① 应力集中：若材料中存在某些缺陷。受力时，缺陷附近局部范围内的应力会急剧增加，称为应力集中。应力集中首先使其附近的高分子链断裂并发生位移，然后应力再向其他部位传递。缺陷的产生原因多种，如聚合物中的小气泡、生产过程中混入的杂质、聚合物收缩不均匀而产生的内应力等。

② 惰性填料：有时为了降低成本，在聚合物中加入一些只起稀释作用的惰性填料，如

在聚合物中加入粉状碳酸钙。惰性填料往往使聚合物材料的强度降低。

③ 增塑：增塑剂的加入可使材料强度降低，只适于对弹性、韧性的要求远甚于强度的软塑料制品。

④ 老化：老化是高分子材料发生降解，也就是分子量变小的过程。老化后的高分子材料强度会下降。

5. 高弹态聚合物的力学性能

高弹态聚合物最重要的力学性能是其高弹性。高弹态聚合物弹性模量小，形变量很大；形变需要时间，形变随时间而发展直至最大形变；形变时有明显的热效应。高弹性的本质是熵弹性，是由熵变引起的。在外力作用下，橡胶分子链由卷曲状态变为伸展状态，熵减小，当外力移去后，由于热运动，分子链自发地趋向熵增大的状态，分子链由伸展再回复到卷曲状态，因而形变可逆。

四、聚合物的电学性能

聚合物的电学性能是指在外加电场作用下材料所表现出来的介电性能、导电性能、电击穿性质以及与其他材料接触、摩擦时所引起的表面静电性质等。

种类繁多的聚合物的电学性能是丰富多彩的。就导电性而言，聚合物可以是绝缘体、半导体、导体和超导体。多数聚合物材料具有卓越的电绝缘性能，其电阻率高、介电损耗小、电击穿强度高，加之又具有良好的力学性能、耐化学腐蚀性及易成型加工性能，使它比其他绝缘材料具有更大实用价值，已成为电气工业不可或缺的材料。另一方面，导电高分子的研究和应用近年来取得突飞猛进的发展。以 MacDiarmid、Heeger、白川英树等人为代表的高分子科学家发现，一大批分子链具有共轭 π-电子结构的聚合物，如聚乙炔、聚噻吩、聚吡咯、聚苯胺等，通过不同的方式掺杂，可以具有半导体（电导率 $\sigma=10^{-10}\sim10^{2}$ S/cm）甚至导体（$\sigma=10^{2}\sim10^{6}$ S/cm）的电导率。通过结构修饰（衍生物、接枝、共聚），掺杂诱导，乳液聚合，化学复合等方法，人们又克服了导电高分子不溶不熔的缺点，获得可溶性或水分散性导电高分子，大大改善了加工性，使导电高分子进入实用领域。

研究聚合物电学性能的另一缘由是聚合物的电学性质非常灵敏地反映材料内部的结构特征和分子运动状况，因此如同力学性质的测量一样，电学性质的测量也成为研究聚合物结构与分子运动的一种有效手段。

1. 聚合物介电性能

（1）极化现象

在外电场作用下，或多或少会引起价电子或原子核的相对位移，造成了电荷的重新分布，称为极化。主要有四种极化方式：电子极化、原子极化、偶极极化和界面极化。

电子极化是由于外电场作用下分子中各个原子或离子的价电子云相对原子核发生位移，使分子带上偶极矩。极化过程所需的时间极短，约为 $10^{-13}\sim10^{-1}$ s。

原子极化是由于分子骨架在外电场作用下发生变形，使分子带上偶极矩。如 CO_2 分子是直线形结构 O═C═O，极化后变成三角形结构 O╱C╲O，分子中正负电荷中心发生了相对位移。极化所需要的时间约为 10^{-13} s，并伴有微量能量损耗。

以上两种极化统称为变形极化或诱导极化，其极化率不随温度变化而变化，聚合物在高频区均能发生变形极化或诱导极化。

偶极极化是具有永久偶极矩的极性分子沿外场方向排列的现象。极化所需要的时间长，一般为 10^{-9}s，发生于低频区域。图 1-15 显示了偶极子在电场中取向。

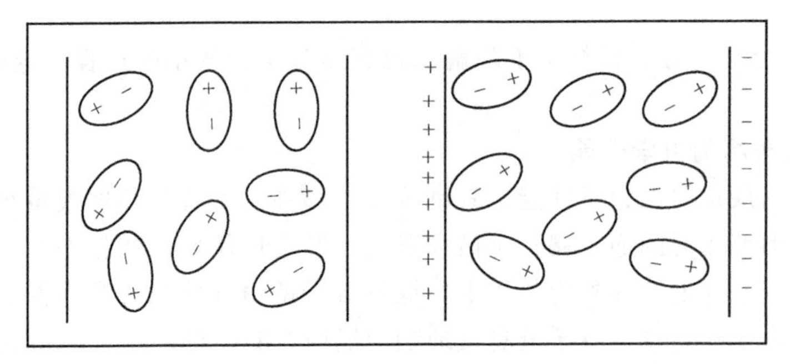

图 1-15 偶极子在电场中取向

根据聚合物中各种基团的有效偶极矩，可以把聚合物按极性大小分为四类：非极性，例如：PE、PP、PTFE。弱极性，例如：PS。极性，例如：PVC、PA、PVAc、PMMA。强极性，例如：PVA、PET、PAN、酚醛树脂、氨基树脂。

（2）介电常数

介电性能是指聚合物在电场作用下，表现出对静电能的储存和损耗的性质，通常用介电常数和介电损耗来表示。这是由于聚合物分子在电场作用下发生极化引起的。

已知真空平板电容器的电容 C_0 与施加在电容器上的直流电压 V 及极板上产生的电荷 Q_0，有如下关系：

$$C_0=\frac{Q_0}{V} \tag{1-23}$$

当电容器极板间充满均质电介质时，由于电介质分子的极化，极板上将产生感应电荷，使极板电荷量增加到 Q_0+Q'，电容器电容相应增加到 C

$$C=\frac{Q}{V}=\frac{Q_0+Q'}{V}>C_0 \tag{1-24}$$

两个电容器的电容之比，称该均质电介质的介电常数 ε，即

$$\varepsilon=\frac{C}{C_0}=1+\frac{Q'}{Q_0} \tag{1-25}$$

介电常数反映了电介质储存电荷和电能的能力，从上式可以看出，介电常数越大，极板上产生的感应电荷 Q' 和储存的电能越多。

（3）介电损耗

电介质在交变电场中极化时，会因极化方向的变化而损耗部分能量和发热，称介电损耗。介电损耗产生的原因有两方面：一为电导损耗，是指电介质所含的微量导电载流子在电场作用下流动时，因克服电阻所消耗的电能。这部分损耗在交变电场和恒定电场中都会发生。由于聚合物导电性很差，故电导损耗一般很小。二为极化损耗，这是由于分子偶极子的取向极化。取向极化是一个松弛过程，交变电场使偶极子转向时，转动速度滞后于电场变化速率，使一部分电能损耗于克服介质的内黏滞阻力上，这部分损耗有时很大。对非极性聚合物而言，电导损耗可能是主要的。对极性聚合物的介电损耗而言，其主要部分为极化损耗。

对于电介质电容器，在交流电场中，因电介质取向极化跟不上外加电场的变化，发生介电损耗。由于介质的存在，通过电容器的电流与外加电压的相位差不再是 90°，而

是$\varphi=90°-\delta$。

常用复数介电常数来表示介电常数和介电损耗两方面的性质：

$$\varepsilon^*=\varepsilon'-i\varepsilon'' \tag{1-26}$$

ε'为实部，即实测的介电常数。ε''为虚部，称损耗因子。$\tan\delta=\frac{\delta''}{\delta'}$，式中$\delta$称介电损耗角，$\tan\delta$为介电损耗正切。$\tan\delta$的物理意义是在每个交变电压周期中，介质损耗的能量与储存能量之比。$\tan\delta$越小，表示能量损耗越小。表1-6列出了常见聚合物在60Hz时的介电系数和介电损耗角正切。

表1-6 常见聚合物的介电系数（60Hz）和介电损耗角正切

聚合物	ε	$\tan\delta/\times10^{-4}$	聚合物	ε	$\tan\delta/\times10^{-4}$
聚四氟乙烯	2.0	<2	聚碳酸酯	2.97～3.71	9
四氯乙烯-六氟丙烯共聚物	2.1	<3	聚砜	3.14	6～8
聚丙烯	2.2	2～3	聚氯乙烯	3.2～3.6	70～200
聚三氟乙烯	2.24	12	聚甲基丙烯酸甲酯	3.3～3.9	400～600
低密度聚乙烯	2.25～2.35	2	聚甲醛	3.7	40
高密度聚乙烯	2.30～2.35	2	尼龙-6	3.8	100～400
ABS树脂	2.4～5.0	40～300	尼龙-66	4.0	140～600
聚苯乙烯	2.45～3.10	1～3	酚醛树脂	5.0～6.5	600～1000
高抗冲聚苯乙烯	2.45～4.75	—	硝化纤维素	7.0～7.5	900～1200
聚苯醚	2.58	20	聚偏氟乙烯	8.4	—

（4）介电松弛谱

高分子分子运动的时间与温度依赖性可在其介电性质上得到反映。借助于介电参数的变化可研究聚合物的松弛行为。在固定频率下测试固体聚合物试样的介电常数和介电损耗随温度的变化，或者在一定温度下测试试样的介电性质随频率的变化，可得同分子运动有关的特征谱图，称之为聚合物的介电松弛谱，前者为温度谱，后者为频率谱。它与力学松弛谱一样用于研究聚合物的转变，特别是多重转变。

在这些图谱上，聚合物的介电损耗一般都出现一个以上的极大值，分别对应于不同尺寸运动单元的偶极子在电场中的介电损耗。按照这些损耗峰在图谱上出现的先后，在温度谱上从高温到低温，在频率谱上从低频到高频，依次用α、β、γ命名。α峰反映了晶区的分子运动，β峰与非晶区的链段运动有关，γ峰可能与侧基旋转或主链的曲轴运动相关。图1-16是一介电损耗温度谱示意图。

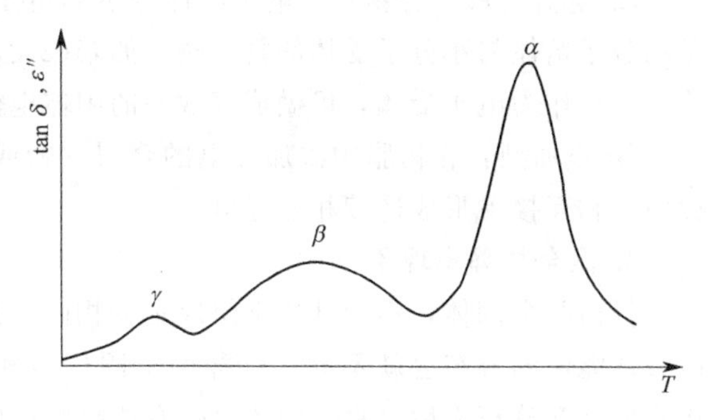

图1-16 介电损耗温度谱示意图

（5）影响聚合物介电性能的因素

聚合物的介电性能首先与材料的极性有关。这是因为在几种介质极化形式中，偶极子的取向极化偶极矩最大，影响最显著。决定聚合物介电损耗大小的内在因素是分子极性大小和极性基团的密度以及极性基团的可动性。增塑剂的加入使体系黏度降低，有利于取向极化，介电损耗峰移向低温。极性增塑剂或导电性杂质的存在会使ε和$\tan\delta$都增大。频率和温度与力学松弛相似，温度升高会使ε增大。

2. 聚合物导电性能

(1) 体积电阻与表面电阻

材料导电性通常用电阻率 ρ 或电导率 σ 表示，两者互为倒数关系。按定义有：

$$\rho = R\,\frac{S}{d} = \frac{1}{\sigma} \tag{1-27}$$

式中，R 为试样的电阻；S 为试样截面积；d 为试样长度。

从微观导电机理看，材料导电是载流子（电子、空穴、离子等）在电场作用下在材料内部定向迁移的结果。设单位体积试样中载流子数目为 n_0，载流子电荷量为 q_0，载流子迁移率（单位电场强度下载流子的迁移速度）为 v，则材料电导率 σ 等于：

$$\sigma = n_0 q_0 v \tag{1-28}$$

由式(1-28) 可见，材料的导电性能主要取决于两个重要的参数：单位体积试样中载流子数目的多少和载流子迁移率的大小。

但在实际应用中，根据测量方法不同，人们又将试样的电阻区分为体积电阻和表面电阻。将聚合物电介质置于两平行电极板之间，施加电压 U，测得流过电介质内部的电流称体积电流 I_v，按欧姆定律，定义体积电阻等于：

$$R_v = \frac{U}{I_v} \tag{1-29}$$

若在试样的同一表面上放置两个电极，施加电压 U，测得流过电介质表面的电流称表面电流 I_s，同理，表面电阻定义为：

$$R_s = \frac{U}{I_s} \tag{1-30}$$

(2) 导电性聚合物

导电性聚合物可分为以下三类：

① 结构型：聚合物自身具有长的共轭大键结构，如聚乙炔、聚苯乙炔、聚酞菁铜等，通过“掺杂”可以提高导电率 6～7 个数量级，一个典型例子是用 AsF_3 掺杂聚乙炔。

② 电荷转移复合物：由电子给体分子和电子受体分子组成的复合物，目前研究较多的是高分子给体与小分子受体的复合物，如聚(2-乙烯吡啶）或聚乙烯基咔唑作为高分子电子给体。碘作为电子受体，可做成高效率的固体电池。

③ 添加型：在树脂中添加导电的金属（粉或纤维）或炭粒等组成。其导电机理是导电性粒子相互接触形成连续相而导电。

3. 聚合物静电现象

任何两个固体，不论其化学组成是否相同，只要它们的物理状态不同，其内部结构中电荷载体能量的分布也就不同。这样两个固体接触时，在固-固表面就会发生电荷的再分配。在它们重新分离之后，每一固体将带有比接触或摩擦前更多的正（或负）电荷。这种现象称为静电现象。

聚合物在生产、加工和使用过程中会与其他材料、器件发生接触或摩擦，会有静电发生。由于聚合物的高绝缘性而使静电难以漏导，吸水性低的聚丙烯腈纤维加工时的静电可达 15 千伏以上。

绝缘体表面的静电可以通过将抗静电剂加到聚合物中或涂布在表面，提高聚合物的体积电导率等方法除去。

五、聚合物的热性能

聚合物虽然具有很多优异的性能，但也有一些不足之处，与金属材料相比主要是强度不高，不耐高温，易于老化，从而限制了它的使用。但是随着科学技术的发展，这些不足之处正在得到弥补。人们从实践中总结出了耐热性与分子结构之间的定性关系，探索了提高高分子耐热性的可能途径，并合成了一系列耐高温的聚合物。聚酰亚胺就是其中的一种，它能在250～280℃长期使用，间歇使用温度可达280℃。聚合物的耐热性包含两方面：热稳定性，即聚合物耐热降解、热氧化的性能；热变形性，即聚合物受热时外观尺寸的改变情况。

（1）热稳定性

聚合物在高温条件下可能产生两种结果：降解和交联。两种反应都与化学键的断裂有关，组成聚合物分子的化学键能越大，耐热稳定性越高。为提高耐热性可以用以下途径：

① 尽量避免分子链中弱键的存在；

② 引入梯形结构；

③ 在主链中引入Si、P、B、F等杂原子，即合成元素有机聚合物。

（2）热变形性

受热不易变形，能保持尺寸稳定性的聚合物必然是处于玻璃态或晶态，因此改善聚合物的热变形性应提高其T_g或T_m，必须使分子链内部及分子链之间具有强的相互作用，为此可有以下几条途径：

① 增加结晶度；

② 增加分子链刚性，引入极性侧基或在主链或侧基上引入芳香环或芳香杂环；

③ 使分子间产生适度交联，交联聚合物不熔不溶，只有加热到分解温度以上才遭破坏。

第三节　聚合物成型加工原理

聚合物加工是将聚合物转变成使用材料或制品的一种工程技术。要实现这种转变，就要采用适当的方法。研究这些方法及所获得的产品质量与各种因素的关系，就是聚合物加工这门技术的基本任务。本节主要介绍基本的聚合物成型加工原理。主要有压制成型、挤出成型、注射成型和压延成型。

一、压制成型

1. 概述

压制成型是聚合物成型加工技术中历史最久，也是最重要的方法之一，广泛用于热固性塑料和橡胶制品的成型加工。压制成型是指主要依靠外压的作用，实现成型物料造型的一次成型技术。根据成型物料的性质和加工设备及工艺的特点，压制成型可分为模压成型和层压成型两大类。

模压成型又称压缩模塑，即将粉状、粒状、碎屑状或纤维状的塑料放入加热的阴模模槽中，合上阳模后加热使其熔化，并在压力作用下使物料充满模腔，形成与模腔形状一样的模制品，再经加热（使其进一步发生交联反应而固化）或冷却（对热塑性塑料应冷却使其硬化），脱模后即得制品。层压成型是以片状材料作填料，通过压制成型得到层压材料的成型方法。模压成型是热固性塑料的主要成型工艺，这里主要介绍模压成型工艺。

2. 压机

模压成型的主要设备是压机。压机是通过模具对塑料施加压力，在某些场合下压机还可开启模具或顶出制品。压机的种类很多，有机械式和液压式。目前常用的是液压机，且多数是油压机。液压机的结构形式很多，主要的是上压式液压机和下压式液压机。模压成型用的模具按其结构特点分为有溢式、不溢式和半溢式三种。

3. 模压成型工艺过程

模压成型工艺过程一般包括压缩成型前的准备及压缩成型过程两个阶段。

（1）压缩成型前的准备

主要是指预压、预热和干燥等预处理工序。

① 预压　利用预压模将物料在预压机上压成质量一定、形状相似的锭料。在成型时以一定数量的锭料放入压缩模内。锭料的形状一般以能十分紧凑地放于模具中便于预热为宜。通常使用的锭料形状多为圆片状，也有长条状、扁球状、空心体状或仿塑件形状。

② 预热与干燥　成型前应对热固性塑料加热。加热的目的有两个：一是对塑料进行干燥，除去其中的水分和其他挥发物；二是提高料温，便于缩短成型周期，提高塑件内部固化的均匀性，从而改善塑件的物理力学性能。同时还能提高塑料熔体的流动性，降低成型压力，减少模具磨损。

生产中预热与干燥的常用设备是烘箱和红外线加热炉。

（2）压缩成型过程

模具装上压机后要进行预热。一般热固性塑料压缩过程可以分为加料、合模、排气、固化和脱模等几个阶段，在成型带有嵌件的塑料制件时，加料前应预热嵌件并将其安放定位于模内。

① 加料　加料的关键是加料量。定量的方法有测重法、容量法和计数法三种。测重法比较准确，但操作麻烦；容量法虽然不及测重法准确，但操作方便；计数法只用于预压锭料的加料。物料加入型腔时，需要合理堆放，以免造成塑件局部疏松等现象。

② 合模　加料后即进行合模。合模分为两步：当凸模尚未接触物料时，为缩短成型周期，避免塑料在合模之前发生化学反应，应加快加料速度；当凸模接触到塑料之后，为避免嵌件或模具成型零件的损坏，并使模腔内空气充分排除，应放慢合模速度，即所谓先快后慢的合模方式。

③ 排气　压缩热固性塑料时，在模具闭合后，有时还需卸压将凸模松动少许时间，以便排出其中的气体。通常排气的次数为一至两次，每次时间由几秒至几十秒。

④ 固化　压缩成型热固性塑料时，塑料依靠交联反应固化定型，生产中常将这一过程称为硬化。在这一过程中，呈黏流态的热固性塑料在模腔内与固化剂反应，形成交联结构，并在成型温度下保持一段时间，使其性能达到最佳状态。对固化速率不高的塑料，为提高生产率，有时不必将整个固化过程放在模具内完成（特别是一些硬化速度过慢的塑料），只需塑件能完整脱模即可结束成型，然后采用后处理（后烘）的方法来完成固化。模内固化时间应适中，一般为30秒至数分钟不等。时间过短，热固性塑件的机械强度、耐蠕变性、耐热性、耐化学稳定性、电气绝缘性等性能均下降，热膨胀、后收缩增加，有时还会出现裂纹。时间过长，塑件机械强度不高、脆性大、表面出现密集小泡等。

⑤ 脱模　制品脱模方法分为机动推出脱模和手动推出脱模。带有侧向型芯或嵌件时，必须先用专用工具将它们拧脱，才能取出塑件。

（3）压后处理

塑件脱模后，对模具应进行清理，有时对塑件要进行后处理。

① 模具的清理　脱模后必要时需用铜刀或铜刷去除残留在模具内的塑料废边，然后用压缩空气吹净模具。如果塑料有黏膜现象，用上述方法不易清理时则用抛光剂擦拭。

② 后处理　为了进一步提高塑件的质量，热固性塑料制件脱模后常在较高的温度下保温一段时间。后处理能使塑料固化更趋完全，同时减少或消除塑件的内应力，减少水分及挥发物等，有利于提高塑件的性能及强度。

4. 特点

模压成型是间歇操作，工艺成熟，生产控制方便，成型设备和模具简单。所得的制品内应力小，趋向程度低，不易变形，稳定性较好。其缺点是成型周期长，生产效率低，劳动强度大，生产操作多用手工而不易实现自动化生产；塑件经常带有溢料飞边，高度方向的尺寸精度难以控制；模具易磨损，因此使用寿命较短。酚醛塑料、氨基塑料、不饱和聚酯塑料、聚酰亚胺等常用模压成型制备。

二、挤出成型

1. 概述

挤出成型是使聚合物的熔体在挤出机的螺杆或柱塞的挤压作用下通过一定形状的口模而连续成型，所得的制品为具有恒定断面形状的连续型材。用挤出成型生产的产品广泛地应用于人民生活以及农业、建筑业、石油化工、机械制造、国防等领域。

挤出成型是塑料成型加工的重要成型方法之一。大部分热塑性塑料和橡胶都能用此法进行加工。塑料挤出的制品有管材、板材、棒材、片材、薄膜、单丝、线缆包覆层、各种异型材以及其他材料的复合物等。目前约50%的热塑性塑料制品是挤出成型的。

橡胶的挤出成型通常叫压出，橡胶压出成型应用较早，设备和技术也比较成熟，广泛用于制造轮胎胎面、内胎、胶管以及各种断面形状复杂或空心、实心的半成品，也可用于包胶操作，是橡胶工业生产中的一个重要工艺过程。

在合成纤维生产中，螺杆挤出熔融纺丝，是从热塑性塑料挤出成型发展起来的连续纺丝成型工艺，在合成纤维生产中占有重要的地位。

2. 挤出机

挤出成型在挤出机上进行，挤出机是塑料成型加工机械的重要机台之一。随着挤出机用途的增加，出现了各种挤出机，分类方法很多。按螺杆数目的多少，可以分为单螺杆挤出机和多螺杆挤出机；按可否排气，分为排气挤出机和非排气挤出机；按螺杆的有无，可分为螺杆挤出机和无螺杆挤出机；按螺杆在空间的位置，可分为卧式挤出机和立式挤出机。

为使成型过程得以进行，一台挤出机一般由下列几部分组成：主机、辅机和控制系统。主机主要包括挤压系统、传动系统和加热冷却系统。挤压系统主要由料筒和螺杆组成。塑料通过挤压系统而塑化成均匀的熔体，并在这一过程中所建立的压力下，被螺杆连续地定压定量定温地挤出机头。辅机主要包括机头、定型装置、冷却装置、牵引装置、切割装置、卷取装置等。定型装置作用是将从机头中挤出的塑料的既定形状稳定下来，并对其进行精整，从而得到更为精确的截面形状、尺寸和光亮的表面。通常采用冷却和加压的方法达到这一目的。图1-17是单螺杆挤出机示意图。图1-18是双螺杆挤出机示意图。

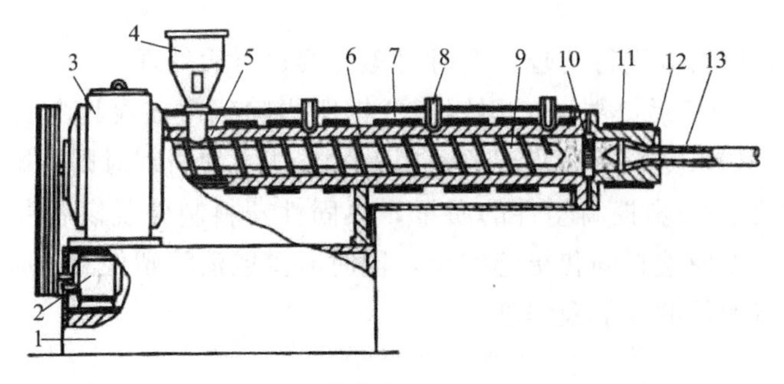

图 1-17　单螺杆挤出机示意图

1—机座；2—电动机；3—传动装置；4—料斗；5—料斗冷却套；6—料筒；7—料筒加热器；
8—热电偶控温点；9—螺杆；10—过滤板；11—机头加热器；12—机头及芯棒；13—挤出物

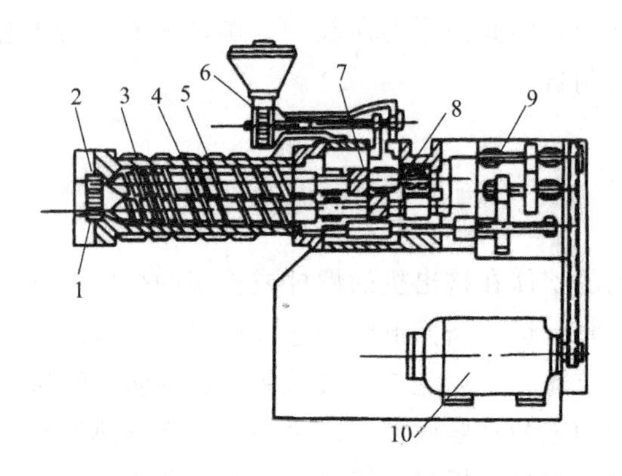

图 1-18　双螺杆挤出机示意图

1—连接器；2—过滤器；3—料筒；4—螺杆；5—加热器；6—加料器；
7—支座；8—上推轴承；9—减速器；10—电动机

3. 挤出成型工艺过程

热塑性塑料的挤出成型工艺过程可分为四个阶段。

(1) 塑化阶段

经过干燥处理的塑料原料由挤出机料斗加入料筒后，在料筒温度和螺杆旋转、压实及混合作用下，由固态的粉料或粒料转变为具有一定流动性的均匀熔体，这一过程称为塑化。

(2) 挤出成型阶段

均匀塑化的塑料熔体随螺杆的旋转向料筒前端移动，在螺杆的旋转挤压作用下，通过一定形状的口模而得到截面与口模形状一致的连续型材。

(3) 冷却定型阶段

通过适当的处理方法，如定径处理、冷却处理等，使已挤出的塑料连续型材固化为塑料制件。大多数情况下，定型和冷却是同时完成的，只有在挤出各种棒料和管材时，才有一个独立的定径过程，而挤出薄膜、单丝等无需定型，仅通过冷却便可。挤出板材与片材，有时还通过一对压辊压平，也有定型与冷却作用。管材的定型可用定径套、定径环和定径板等，也有采用能通水冷却的特殊口模来定径的。不论采用哪种方法，都是使管坯内外形成压力差，使其紧贴在定径套上而冷却定型。

冷却一般采用空气冷却或水冷却，冷却速度对塑件性能有很大影响。硬质塑件（如聚苯乙烯、低密度聚乙烯和硬聚氯乙烯等）不能冷却得过快，否则容易造成残余内应力，并影响塑件的外观质量；软质或结晶型塑料件则要求及时冷却，以免塑件变形。

（4）塑件的牵引、卷取和切割

塑件自口模挤出后，一般都会因压力突然解除而发生离模膨胀现象，而冷却后又会发生收缩现象，从而使塑件的尺寸和形状发生改变。此外，由于塑件被连续不断地挤出，自重越来越大，如果不加以引导，会造成塑件停滞，使塑件不能顺利挤出。因此，在冷却的同时，要连续均匀地将塑件引出，这就是牵引。

牵引过程由挤出机辅机之一的牵引装置来完成。牵引速度要与挤出速率相适应，一般是牵引速度略大于挤出速率，以便消除塑件尺寸的变化值，同时对塑件进行适当的拉伸可提高质量。不同的塑件，牵引速度也不同。通常薄膜和单丝的牵引速度可以快些，其原因是牵引速度大，塑件的厚度和直径减小，纵向抗断裂强度增高，断裂伸长率降低。对于挤出硬质塑件，牵引速度则不能大，通常需将牵引速度规定在一定范围内，并且要十分均匀，不然就会影响其尺寸均匀性和力学性能。

通过牵引的塑件可根据使用要求在切割装置上裁剪（如棒、管、板、片等），或在卷取装置上绕制成卷（如薄膜、单丝、电线电缆等）。此外，某些塑件，如薄膜等有时还需要进行后处理，以提高尺寸稳定性。

4. 特点

挤出成型工艺产量大，生产率高，成本低，经济效益显著；同时塑件的几何形状简单，横截面形状不变，因此模具结构比较简单，制造维修方便。塑件内部组织均衡紧密，尺寸比较稳定准确。挤出成型工艺适应性强，除氟塑料外，所有的热塑性塑料都可采用挤出成型，部分热固性塑料也可采用挤出成型。变更机头口模，产品的断面形状和尺寸相应改变，这样就能生产出不同规格的各种塑料制件。

三、注射成型

1. 概述

注射成型是一种以高速高压将塑料（或橡胶）熔体注入已闭合的模具型腔内，经定型（冷却或硫化），得到与模腔形状一致制件的成型方法。

作为新型材料，塑料和橡胶制件愈来愈广泛地应用于各工业部门和日常生活之中。其中，注射成型制件占相当大的比重。随着塑料橡胶工业的发展，注射成型工艺和注射成型机也不断地得到改进与发展。1948 年在注射机上开始使用螺杆塑化装置。并于 1956 年制造出世界上第一台往复螺杆式注射成型机，这是注射成型工艺技术的一大突破，从而使更多的塑料和制件采用注射成型法加工。

注射模塑制品约占塑料制品总量的 20%～30%。随着工程塑料的发展，工程塑料的 80%是经注射模塑制成的。尤其是塑料作为工程结构材料的出现，注射模塑制品的用途已从军用扩大到国民经济各个领域中，并将逐步代替传统的金属和非金属材料制品，这些制品主要是各种工业配件，仪器仪表的零件、结构件和壳体等。在发展尖端科学技术中，也是不可缺少的。

塑料的注射成型是将料粒或粉状塑料加入注射机的料筒，经加热熔化呈流动状态，然后在注射机的柱塞或移动螺杆快速而又连续的压力下，从料筒前端的喷嘴中以很高的压力和很快的速度注入闭合的模具内。充满模腔的熔体在受压的情况下，经冷却或加热固化后，开模得到与模腔相应的制品。

注射成型用于橡胶加工通常叫注压。其所用的设备和工艺原理同塑料的注射有相似之处。但橡胶的注压是以条状或块粒状的混炼胶加入注压机，注压入模后须停留在加热的模具中一段时间，使橡胶进行硫化反应，才能得到最终制品。

2. 注射机

注射机是注射成型的主要设备。一台通用型注射机主要包括注射装置、合模装置、液压传动系统和电器控制系统。

注射装置的主要作用是将塑料均匀地塑化，并以足够的压力和速度将一定量的熔料注射到模具的型腔之中。合模装置的作用是实现模具的启闭，在注射时保证成型模具可靠地合紧以及脱出制品。液压传动系统和电气控制系统能够提供动力和实现控制，其作用是保证注射机按工艺过程预定的要求（压力、速度、温度、时间）和动作程序准确有效地工作。

近年来注射机发展很快，类型日益增多，而分类方法很不一致。按机器外形特征分立式注射机、卧式注射机、角式注射机和多模注射机；按机器的传动方式分为液压式和机械式；按塑化方式和注射方式分类分为柱塞式注射机和螺杆式注射机。

3. 注射成型工艺过程

各种注射机完成注射成型的动作程序可能不完全相同。但其成型的基本过程还是相同的。今以螺杆式注射机为例予以说明。

（1）塑化

① 加料—输送—压缩—排气：从料斗落入料筒中的物料，随着螺杆的转动沿着螺杆向前输送。在这一输送过程中，物料被逐渐压实，物料中的气体由加料口排出。

② 熔融：在料筒外加热和螺杆剪切热的作用下，物料实现其物理状态的变化，最后呈黏流态，并建立起一定的压力。

③ 计量：当螺杆头部的熔料压力达到能克服注射油缸活塞退回时的阻力（所谓背压）时。螺杆便开始向后退，进行所谓计量。

④ 预塑完毕：与此同时料筒前端和螺杆头部熔料逐渐增多，当达到所需要的注射量时（即螺杆退回到一定位置时），计量装置撞击限位开关，螺杆即停止转动和后退，预塑完毕。

（2）合模

合模油缸中的压力油推动合模机构动作，移动模板使模具闭合。

（3）注射

注射座前移，注射油缸充入压力油，喷嘴与模具相连，使油缸活塞带动螺杆按要求的压力和速度将熔料注入模腔内。

（4）保压

当熔料充满模腔后，螺杆仍对熔料保持一定的压力，即所谓进行保压，以防止模腔中熔料的反流，并向模腔内补充因制品冷却收缩所需要的物料。

（5）冷却定型

模腔中的熔料经过冷却，由黏流态恢复到玻璃态，从而定型，获得一定的尺寸精度和表面光洁度。

（6）顶出制品

当完全冷却定型后模具打开。在顶出机构的作用下，将制件脱出，从而完成一个注射成型过程。图 1-19 是注射成型工艺原理示意图。

4. 特点

注射成型具有如下优点：成型周期短，物料的塑化在注射机内完成；闭模成型；可使形状复杂的产品一次成型；生产效率高，成本低。但是注射成型不适用于长纤维增强的产品，模具质量要求比较高。

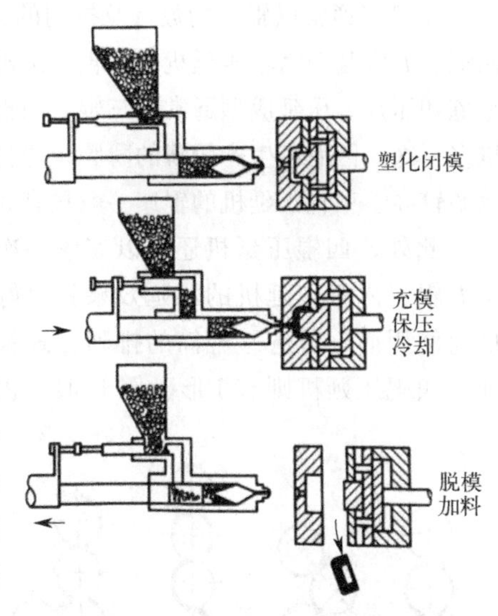

图 1-19 注射成型工艺原理示意图

四、压延成型

1. 概述

压延成型是生产塑料薄膜和片材的主要方法。它是将已经塑化好的接近黏流温度的热塑性塑料通过一系列相向旋转着的水平辊筒间隙，使物料承受挤压和延展作用，而使其成为规定尺寸的连续片状制品的成型方法。用作压延成型的塑料大多数是热塑性非晶态塑料，其中以聚氯乙烯用得最多，另外还有聚乙烯、ABS、聚乙烯醇、醋酸乙烯和丁二烯共聚物等塑料。

压延成型产品，一般可分为薄膜、片材、人造革和其他涂层制品三类。习惯上薄膜和片材的厚度分界线是0.3mm，薄者称薄膜，厚者称片材。聚氯乙烯薄膜和片材又有硬质、半硬质和软质之分，由所含增塑剂份数而定。含增塑剂0～5份称为硬制品，6～25份称为半硬制品，25份以上称为软制品。压延薄膜主要用于农业、工业包装，室内装饰及生活用品，并可刻花、印花，产品繁多。厚度在0.3mm以上称为片材。片材也有软质、硬质之分。软薄片有时称为无衬人造革。压延片材常用作地板、垫板、录音唱片基材、传送带及热成型片材等。通常以棉织品或合成纤维织物作底层的复层制品又称人造革，人造革用途广泛。以纸作为底层的复层品称纸质复层品，可作为包装、文具封面、建筑物的室内贴墙等用途。

2. 压延机

压延成型是用压延机（习惯上包括主机和辅机）来完成的。压延机主要由机座、机架、主轴承、辊筒、辊距调节装置、轴交叉和预应力装置、卷取装置、测厚装置、传动装置、润滑系统、加热和冷却系统等组成。图1-20是压延机结构示意图。

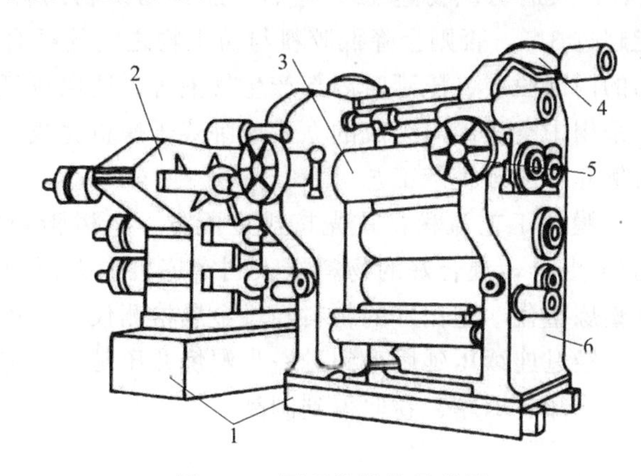

图 1-20 压延机结构示意图

1—机座；2—传动装置；3—辊筒；4—辊距调节装置；5—轴交叉调节装置；6—机架

压延机通常以辊筒的数目及排列的方式分类。根据辊筒数目的不同，压延机有双辊、三辊、四辊、五辊甚至六辊压延机。双辊压延机通常称为开放式炼塑机，简称开炼机，主要用于原料的塑炼和压片。压延成型通常以三辊、四辊压延机为主。由于四辊压延机对塑料的压延较三辊压延机多一次，因而可生产较薄的薄膜，并且厚度均匀，表面光滑。辊筒的转速可以大大提高，生产效率较高。三辊压延机的辊速一般只有30m/min，而四辊压延机能达到它的2～4倍。

此外，四辊压延机还可以完成一次双面贴胶工艺。因此它正在逐步取代三辊压延机。至于五辊、六辊压延机的压延效果就更好了，可是设备的复杂程度同时增加，投资费用较高，目前使用尚不普遍。辊筒的排列方式很多，通常三辊压延机的排列方式有I形、三角形等几种。四辊压延机则有I形、倒L形、正L形、T形、斜Z形（S形）等，如图1-21所示。

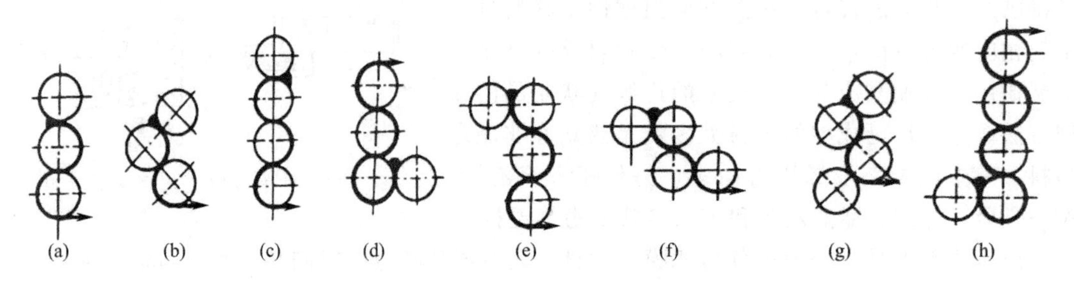

图1-21　常见压延机辊筒排列方式

（a）I形三辊；（b）三角形三辊；（c）I形四辊；（d）正L形四辊；（e）倒L形四辊；（f）Z形四辊；（g）斜Z形四辊；（h）反L形五辊

3. 压延成型工艺流程

压延过程可分为前后两个阶段：前阶段是压延前的准备阶段，主要包括所用塑料的配制、塑化和向压延机供料等；后阶段包括压延、牵引、轧花、冷却、卷取、切割等。压延前必须完成的准备工作有胶料的热炼和供胶，纺织物的浸胶与干燥，化学纤维的伸张处理等。这些可以独立地完成也可以与压延机组成联动流水作业形式。

由于停放，胶料又冷又硬，失去了塑性的流动性，所以操作前需重新进行预热软化以恢复塑性的流动性。同时适度提高其可塑性，并使胶料进一步均化。纺织物含水率一般都比较高，如棉纤维达7%左右，人造纺织物达12%左右。压延纺织物的含水率一般要求控制在1%～2%内，最大不能超过3%，否则会降低胶料与纺织物之间的结合强度，会造成胶布半成品掉胶、硫化胶制品的内部脱层、压延时内部产生气泡等。所以压延前必须对纺织物进行干燥处理。其干燥一般采用中空式滚筒组成的立式或卧式干燥机完成。这里以软聚氯乙烯压延薄膜生产工艺流程为例介绍压延生产工艺。

生产软质聚氯乙烯薄膜的工艺流程：首先按规定配方，将树脂和助剂加入高速混合机（或管道式捏合机）中充分混合，混合好的物料送入到密炼机中去预塑化，然后输送到挤出机（或炼塑机）经反复塑炼塑化，塑化好的物料经过金属检测仪，即可送入压延机中压延成型。压延成型中的料坯，经过连续压延后得到进一步塑炼并压延成一定厚度的薄膜，然后经引离辊引出，再经轧花、冷却、测厚、卷取得到制品。

4. 特点

压延成型具有生产能力大、可自动化连续生产、产品质量好的特点。压延成型的主要缺点是设备庞大、投资高、维修复杂、制品宽度受到压延辊筒长度的限制等。另外生产流水线长、工序多。所以在生产连续片材方面不如挤出机成型技术发展快。

第二章

高分子化学实验

实验一　甲基丙烯酸甲酯的本体聚合

一、实验目的

1. 了解本体聚合的原理、特点和体系中各组分的作用。

2. 掌握甲基丙烯酸甲酯本体聚合的实施方法。

二、实验原理

本体聚合是指单体仅在少量的引发剂存在下进行的聚合反应，或直接在光、热和辐射能等作用下进行的聚合反应。甲基丙烯酸甲酯通过本体聚合可以制得聚甲基丙烯酸甲酯有机玻璃。聚甲基丙烯酸甲酯有庞大的侧基存在，为无定形固体，特别适合于制备一些对透明性要求高的产品。同时聚甲基丙烯酸甲酯还具有一定的耐冲击性、良好的低温性能、表面光滑以及优异的电性能。

本体聚合的优点是体系组成和反应设备是最简单的，但由于本体聚合不加分散介质，聚合反应到一定阶段后，体系黏度大，易出现自动加速现象，局部过热，导致反应不均匀，使产物分子量分布变宽，故聚合反应也是最难控制的。这在一定程度上限制了本体聚合在工业上的应用。为克服以上缺点，常采用分阶段聚合法，先进行预聚合，再将预聚合产物浇入模具中进行后聚合，反应完成后即可获得成品。

三、仪器与试剂

1. 仪器

100mL 三颈瓶，恒温水浴，机械搅拌装置，冷凝管。

2. 试剂

甲基丙烯酸甲酯（MMA）（45mL），过氧化二苯甲酰（BPO）（约 45mg）。

四、实验步骤

1. 预聚物的制备

准确称取 0.045g 过氧化二苯甲酰，45mL 甲基丙烯酸甲酯，混合均匀后移入 100mL 配有冷凝管的磨口三颈瓶中，开启冷却水，水浴加热，升温至 80℃搅拌下进行聚合反应。注意观察体系黏度和体积变化，反应 30min 后取样，若预聚物具有一定黏度，则停止加热，冷却至 50℃左右。

2. 聚合物的浇铸成型

取试管若干支，分别进行灌注，灌注高度 5～7cm。然后放入 40℃的恒温烘箱中静置

2 天，直至试管内物料定型变硬。最后去除试管，可得到圆柱状透明光滑的聚甲基丙烯酸甲酯。

五、问题与讨论

1. 在合成有机玻璃棒时，采用预聚合的目的何在？

2. 制备有机玻璃，各阶段的温度怎么控制？为什么？

实验二　醋酸乙烯酯的溶液聚合

一、实验目的

1. 学习溶液聚合的方法，制备聚醋酸乙烯酯。

2. 掌握溶液聚合的机理、特点以及聚合中各组分的作用。

二、实验原理

溶液聚合是将单体和引发剂溶于适当的溶剂中进行的聚合反应，生成的聚合物能溶于溶剂的属于均相溶液聚合，聚合物不溶于溶剂而析出者，属于异相溶液聚合或沉淀聚合。溶液聚合以溶剂为传热介质，具有聚合热易散发、反应的温度及速度易控制、反应均匀等优点。在聚合过程中存在自由基向溶剂的链转移反应，使产物分子量降低。因此，在选择溶剂时必须注意溶剂的链转移常数大小。各种溶剂的链转移常数变动很大，水为零，苯较小，卤代烃较大。一般根据聚合物分子量的要求选择合适的溶剂，另外还要注意溶剂对聚合物的溶解性能。选用的溶剂是聚合物良溶剂时，反应为均相聚合，可以消除凝胶效应，遵循正常的自由基动力学规律。选用溶剂对生成的聚合物溶解性较差时，则成为沉淀聚合，凝胶效应显著。产生凝胶效应时，反应自动加速，分子量增大。

本实验以偶氮二异丁腈为引发剂，甲醇为溶剂进行醋酸乙烯酯的溶液聚合。根据反应条件的不同，如温度、引发剂量、溶剂等的不同可得到分子量从 2000 到几万的聚醋酸乙烯酯。聚合时，溶剂回流带走反应热，温度平稳。但由于溶剂的引入，大分子自由基和溶剂易发生链转移反应使分子量降低。

三、仪器与试剂

1. 仪器

250mL 三颈瓶，回流冷凝管，电动搅拌器，温度计。

2. 试剂

醋酸乙烯酯（30mL），偶氮二异丁腈（AIBN）（0.14g），甲醇（6mL）。

四、实验步骤

在装有搅拌器、回流冷凝管和温度计的三颈瓶中加入 30mL 醋酸乙烯酯，再将另一烧杯中配制好的溶有偶氮二异丁腈的甲醇溶液倒入三颈瓶中。加热升温，搅拌（搅拌速度在 240～260r/min），控制水浴温度在 85℃，反应时间为 2～3h。停止反应后，将三颈瓶内聚合物倒入一次性杯子中，放入 50℃烘箱中干燥，计算单体转化率和固含量。

五、问题与讨论

1. 分析溶液聚合的原理。

2. 讨论影响错算醋酸乙烯酯溶液聚合反应的反应速率和转化率的因素。

实验三　醋酸乙烯酯的乳液聚合

一、实验目的

1. 学习乳液聚合方法，制备聚醋酸乙烯酯乳液。

2. 了解乳液聚合机理及乳液聚合中各个组分的作用。

二、实验原理

乳液聚合是单体在水相介质中，由乳化剂分散成乳液状态，并使用水溶性的引发剂进行的聚合。其主要成分是单体、水、引发剂和乳化剂。乳化剂是乳液聚合的重要组成部分，它可以使互不相溶的油/水相转变为相当稳定难以分层的乳浊液。乳化剂分子一般由亲水的极性基团和疏水的非极性基团构成，根据极性基团的性质可以将乳化剂分为阳离子型、阴离子型、两性和非离子型四大类。乳化剂的选择对稳定的乳液聚合十分重要，合适的乳化剂起到降低溶液表面张力，使单体容易分散成小液滴，并在乳胶粒表面形成保护层，防止乳胶粒凝聚的作用。其中阴离子型在碱性溶液中稳定，阳离子型乳化能力比较差，还会影响引发剂分解，pH 小于 7 才能使用，非离子型则常与阴离子型搭配使用，可以改变聚合物离子的大小和分布。

本实验中，由于醋酸乙烯酯的自由基比较活泼，链转移反应显著，常采用聚乙烯醇来保护胶体，两种乳化剂合并使用，其乳化效果和稳定性比单独使用一种好，本实验采用 PVA-1788 和 OP-10 两种乳化剂，引发剂一般常用过硫酸盐。

三、仪器与试剂

1. 仪器

250mL 四颈瓶，回流冷凝管，恒温水浴，电动搅拌器，温度计，滴液漏斗，50mL 烧杯，10mL、50mL、100mL 量筒。

2. 试剂

醋酸乙烯酯（15g），10%聚乙烯醇水溶液（PVA-1788）（16.5g），壬基酚聚氧乙烯基醚（OP-10）（0.13g），过硫酸钾（KPS）（0.04g）。

四、实验步骤

组装好实验仪器。在四颈瓶中加入 10% 的聚乙烯醇水溶液 16.5g，乳化剂 OP-10 0.13g，蒸馏水 20mL。开动搅拌器逐渐加热至 65℃，将引发剂溶于 3mL 去离子水中，分批次加入四颈瓶中，每批次间隔时间为 1h，第一次加完引发剂溶解后，用滴液漏斗滴加醋酸乙烯酯，调节滴加速度先慢后快并慢慢升至 70℃，在 2h 内将 15g 醋酸乙烯酯单体加完。在 70℃保温 10 分钟，缓慢升温到 75℃，保持 10 分钟，再缓慢升温至 78℃，保持 10 分钟，再缓慢升温至 80℃，到无回流时，结束聚合过程。撤掉水浴，自然冷却到 45℃，停止搅拌，出料。

测含固量：取 1g 乳浊液置于烘至恒重的蒸发皿上，放于 100℃烘箱中烘至恒重计算含固量。

$$X(\%)=\frac{m_2-m_0}{m_1}\times 100\%$$

式中，X 为固体含量；m_2 为烘干后蒸发皿和试样的质量，g；m_0 为蒸发皿的质量，g；m_1 为烘前试样质量，g。

五、问题与讨论

1. 可以采用哪些方法将固体聚合物从聚合物乳液中分离出来？

2. 聚合过程中为什么要严格控制滴加速度和聚合反应温度？

实验四　苯乙烯的悬浮聚合

一、实验目的

1. 了解悬浮聚合的原理、特征及配方中各组分的作用。

2. 掌握苯乙烯悬浮聚合的实施方法、搅拌速度和温度等条件对聚合物颗粒均匀性和大小的影响。

二、实验原理

悬浮聚合实质上是借助于较强烈的搅拌和悬浮剂的作用，将不溶于水的单体打散成直径为0.01～5mm的小液滴分散在介质水中进行的本体聚合。在每个小液滴内，单体的聚合过程和机理与本体聚合相似。悬浮聚合解决了本体聚合中不易散热的问题，产物容易分离，清洗可以得到纯度较高的颗粒状聚合物。当液滴聚合到一定程度，聚合物颗粒珠子迅速增大，颗粒与颗粒之间很容易碰撞黏结，不易成小颗粒状，甚至黏成一团，为此必须加入适量分散剂，选择适当的搅拌器与搅拌速度。由于分散剂的作用机理不同，在选择分散剂的种类和确定分散剂用量时，要根据聚合物种类和颗粒要求来定，如颗粒大小、形状、树脂的透明性和成膜性能等。同时也要注意合适的搅拌强度和转速，水与单体比等。

本实验以过氧化二苯甲酰为引发剂，水溶性高分子聚乙烯醇为分散剂进行苯乙烯的悬浮聚合。

三、仪器与试剂

1. 仪器

250mL三颈瓶，回流冷凝管，恒温水浴，电动搅拌器，温度计，100mL量筒，100mL锥形瓶，布氏漏斗，抽滤装置。

2. 试剂

苯乙烯（16mL），过氧化二苯甲酰（BPO）（0.3g），聚乙烯醇（PVA）20mL。

四、实验步骤

架好带有冷凝管、温度计、三颈瓶的搅拌装置。分别将0.3g BPO和16mL苯乙烯加入100mL锥形瓶中，轻轻摇动至溶解后加入250mL三颈瓶中。用130mL去离子水冲洗锥形瓶与量筒后，同20mL 1.5%PVA溶液加入250mL三颈瓶中开始搅拌和加热。在20～30min内，将温度慢慢加热至80～85℃，并保持此温度聚合反应1h后，升温到95℃，再反应1h，用滴管吸少量反应液于含冷水的表面皿中观察，聚合物变硬可结束反应。将反应液冷却至室温后，过滤分离，反复水洗后，在50℃下恒温干燥后，称重。

五、注意事项

1. 反应时搅拌要快、均匀，使单体能形成良好的珠状液滴。

2. (80±1)℃保温阶段是实验成败的关键阶段，此时聚合热逐渐放出，油滴开始变黏易发生粘连，需密切注意温度和转速的变化。

3. 如果聚合过程中发生停电或聚合物粘在搅拌棒上等异常现象，应及时降温终止反应并倾出反应物，以免造成仪器报废。

六、问题与讨论

1. 分散剂作用原理是什么？其用量大小对产物粒子有何影响？

2. 悬浮聚合对单体有何要求？聚合前单体应如何处理？

实验五　界面缩聚制备尼龙-66

一、实验目的

1. 学习采用界面缩聚的方法制备尼龙-66。

2. 了解缩界面聚的原理和特点。

二、实验原理

界面缩聚是缩聚反应的特有实施方式，将两种单体分别溶解于互不相溶的两种溶剂中，再将这两种溶液倒在一起，聚合反应只在两相溶液的界面上进行。界面聚合一般要求单体有很高的反应活性。界面缩聚方法已经应用于很多聚合物的合成，例如：聚酰胺、聚碳酸酯及聚氨基甲酸酯等。

界面缩聚具有下列特点：①设备简单，操作容易；②制备高分子量的聚合物常常不需要严格的等当量比；③可连续性获得聚合物；④反应速度快；⑤可以在常温聚合，不需加热；⑥溶剂消耗量大，设备利用率低，因此实际应用并不多。

要使界面聚合反应成功地进行，需要考虑的因素有：将生成的聚合物及时移走，以使聚合反应不断进行；采用搅拌等方法增大界面的总面积；反应过程有酸性物质生成，则要在水相中加入碱；有机溶剂仅能溶解低分子量聚合物；单体最佳浓度比应能保证扩散到界面处的两种单体为等摩尔比。

本实验采用二元胺与二元酰氯界面缩聚反应制备尼龙-66。反应如下：

$$n\,Cl-\overset{O}{\overset{\|}{C}}-C_6H_4-\overset{O}{\overset{\|}{C}}-Cl + n\,H_2N(CH_2)_6NH_2 \longrightarrow Cl\!\left[\!\overset{O}{\overset{\|}{C}}-C_6H_4-\overset{O}{\overset{\|}{C}}-NH(CH_2)_6NH\right]_n\!H + (2n-1)HCl$$

三、仪器与试剂

1. 仪器

250mL 带塞锥形瓶，100mL、250mL 烧杯，玻璃棒，镊子。

2. 试剂

对苯二甲酰氯（0.25g），己二胺（0.5g），CCl_4（25mL），NaOH（0.1g），1% HCl 溶液（200mL）。

四、实验步骤

在 100mL 烧杯中加入 25mL CCl_4 和 0.25g 对苯二甲酰氯，使其溶解。在另一烧杯中加入 25mL H_2O 和 0.1g NaOH，溶解后再加入 0.5g 己二胺，使其溶解。将己二胺溶液小心地沿烧杯壁缓缓倒入盛有对苯二甲酰氯的烧杯中，此时烧杯中两层溶液的界面立即形成一层聚合薄膜。用玻璃棒小心将界面处的聚合物薄膜拉出，并缠在玻璃棒上。用 1% 的 HCl 溶液洗涤聚合物以终止聚合，再用蒸馏水洗涤至中性，并于 80℃ 真空干燥箱中干燥，得到聚合物称重，计算产率。

五、问题与讨论

1. 界面缩聚中界面的作用是什么？

2. 界面缩聚实验中加入氢氧化钠的目的是什么？加入的量由什么因素决定？

实验六　甲基丙烯酸甲酯-苯乙烯悬浮共聚合

一、实验目的

1. 了解共聚合反应原理。

2. 掌握悬浮共聚合方法。

二、实验原理

甲基丙烯酸甲酯-苯乙烯共聚物（简称MS共聚物）是制备透明高抗冲性塑料MBS的原料之一，它可通过改变甲基丙烯酸甲酯与苯乙烯的含量组成来调节MS共聚物的折光率，使其与MBS中的另一组分——接枝的聚丁二烯的折光率相匹配。从而达到制备透明MBS的目的。

工业上用的MBS共聚物一般是通过自由基聚合得到的高转化率产物。由于甲基丙烯酸甲酯-苯乙烯典型的竞聚率分别为$r_{MMA}=0.46$、$r_{st}=0.52$，因此通常情况下，聚合时共聚物的组成将随着转化率的上升而发生变化，最终产物具有较宽的化学组成分布。但是，通过Mayo-Lewis的共聚物组成方程可以得知，此共聚物体系存在恒比点，即当甲基丙烯酸甲酯与苯乙烯的投料比为0.47∶0.53（物质的量之比）时。共聚物的组成将是一恒定的值，与单体组成比相同。理论上，在这点上所形成的MS共聚物，其化学组成的均一性相当强。

三、仪器与试剂

1. 仪器

250mL三颈瓶，回流冷凝管，恒温水浴，电动搅拌器，温度计，100mL量筒，抽滤装置。

2. 试剂

甲基丙烯酸甲酯（12.7g），苯乙烯（15g），过氧化二苯甲酰（BPO）（0.27g），浆状碳酸镁（50g），二乙烯基苯（2.73mL）。

四、实验步骤

在装有搅拌器、温度计和回流冷凝管的250mL三颈瓶中，加入65mL蒸馏水和50g浆状碳酸镁，加热至95℃，使浆状碳酸镁均匀并活化，约半小时，停止搅拌，冷却至70℃。向反应瓶内倒入含有引发剂的单体混合液（12.7g甲基丙烯酸甲酯，15g苯乙烯，0.27g过氧化二苯甲酰和2.73mL二乙烯基苯），开动搅拌。控制一定的搅拌速度使单体分散成珠状液滴，瓶内温度保持在70～75℃之间。反应1h后，吸取少量三颈瓶中的反应液滴入盛有清水的烧杯，若有白色珠状沉淀产生，则可以开始将水浴缓慢升温至95℃，再反应1h，使珠状产物进一步硬化。反应结束后，倒去上层液体用大量蒸馏水冲洗余下的珠状产物，然后过滤，干燥，称量。

五、问题与讨论

1. 单体的悬浮聚合与两种物质共聚合有什么不同？

2. 哪种试剂为引发剂？哪种试剂为分散剂？

实验七　苯乙烯-丙烯酸正丁酯核/壳结构复合乳液的制备

一、实验目的

1. 了解复合乳液聚合的特点。

2. 掌握制备核/壳结构复合聚合物乳液的方法。

二、实验原理

本实验采用种子乳液聚合（或称多阶段乳液聚合）合成复合乳液，首先通过一般乳液聚合制备种子乳液（核聚合），然后在种子乳液存在下，加入第二单体（或几种单体的混合物）继续聚合（壳聚合），这样就形成了以种子乳液乳胶粒为核，第二单体的聚合物为壳的核/壳结构的复合聚合物乳液。

本实验以苯乙烯（St）为主单体，同时加入少量的丙烯酸（AA）单体进行核聚合，而以丙烯酸正丁酯（BA）为单体，同时加入少量的丙烯酸（AA）单体进行壳聚合，即得到以聚苯乙烯（PS）为核、聚丙烯酸正丁酯（PBA）为壳的核/壳结构的复合聚合物乳液。

三、仪器与试剂

1. 仪器

250mL 四颈瓶，回流冷凝管，恒温水浴，电动搅拌器，滴液漏斗，移液管，温度计。

2. 试剂

苯乙烯，碳酸氢钠，丙烯酸正丁酯，邻苯二甲酸二丁酯，丙烯酸，壬基酚聚氧乙烯基醚（OP-10），过硫酸钾，十二烷基硫酸钠（SDS）。

四、实验步骤

1. 预乳液的制备

核单体预乳液：在装有搅拌器、回流冷凝管和温度计的 250mL 四颈瓶中加入 45mL 去离子水，0.2g 的 SDS、1.0g 的 OP-10 。水浴加热至 50～60℃并搅拌均匀，当乳化剂完全溶解后加入核单体（20mL 苯乙烯和 1mL 丙烯酸），使单体乳化 30～40min，然后倾倒出已预乳化的核单体备用。

壳单体预乳液：在上述装置中加入 15mL 去离子水，0.1g 的 SDS 、0.2g 的 OP-10。水浴加热至 50～60℃，搅拌，当乳化剂完全溶解后加入壳单体（6.5mL 丙烯酸正丁酯和 0.5mL 丙烯酸），使单体乳化 30～40min，倾倒出已预乳化的壳单体备用。

2. 种子乳液聚合（核聚合）

在上述装置中加入引发剂溶液 8mL（称取 0.4g 过硫酸钾溶于 20mL 去离子水中，配制成 2.0%的引发剂溶液，供两组使用），将已乳化的核单体倒入滴液漏斗中。将体系加热至 80℃，并保持此温度，在搅拌下以半连续状态滴加已乳化的核单体。当体系中出现蓝色荧光时开始计时，1h 后即可停止反应，此时得到的白色乳状液即种子乳液。

3. 复合乳液聚合（壳聚合）

在上述种子乳液中补加引发剂溶液 2mL，将已预乳化的壳单体倒入滴液漏斗中。以半连续状态滴加已乳化的壳单体，并控制反应温度 80℃，壳单体滴加完后升温至 90℃，保温，再反应 1h 聚合完毕。加入 10%的碳酸氢钠溶液，调节体系的 pH 值为 7～8，再加入 2mL 增塑剂邻苯二甲酸二丁酯，再搅拌 15min，降温至 40℃以下出料，即得以 PS 为核、PBA 为壳的核/壳结构复合乳液。

五、问题与讨论

1. 何谓种子乳液聚合？何谓复合乳液聚合？

2. 复合乳液聚合得到的复合聚合物在性能上有什么特点？为什么？

实验八　聚乙烯醇的制备

一、实验目的

1. 学习聚乙烯醇的制备方法。

2. 了解聚乙酸乙烯酯醇解反应的原理、特点及影响醇解反应的因素。

二、实验原理

聚乙烯醇（PVA）是一种用途广泛的水溶性高分子聚合物，其性能介于塑料和橡胶之间，是重要的化工原料，其潜在市场也相当大。由于“乙烯醇”易异构化为乙醛，不能通过理论单体“乙烯醇”的聚合来制备聚乙烯醇，而是由其酯类——聚乙酸乙烯酯（PVAc）醇解或水解来制备。由于醇解法所生成的 PVA 精制容易，纯度较高，主产物性能较好，因而工业上多采用醇解法制备聚乙烯醇。聚乙酸乙烯酯的醇解可以在酸性或者碱性条件下进行，酸性条件下痕量酸很难从 PVA 中除去，而残留的酸会加速 PVA 的脱水作用，使产物变黄或不溶于水，因此目前多采用碱性醇解法制备 PVA。

本实验采用甲醇为醇解剂，氢氧化钠为催化剂，为了使实验更适合教学需要，醇解条件比工业上采用的条件温和。

三、仪器与试剂

1. 仪器

250mL 三颈瓶，回流冷凝管，恒温水浴，电动搅拌器，温度计，100mL 量筒，100mL 烧杯，玻璃棒，滴管若干。

2. 试剂

聚醋酸乙烯酯（3g），甲醇（35mL），氢氧化钠（0.08g），乙醇。

四、实验步骤

在装有搅拌器、温度计和回流冷凝管的 250mL 三颈瓶中，加入 30mL 甲醇。缓慢升温，同时在搅拌下逐渐将 3g 剪成碎片的聚醋酸乙烯酯加入其中（注意每次加入量不可过多，待基本溶解后再加第二次），温度控制在 40℃，待树脂全部溶解后，冷却至 35℃。

在室温及快速搅拌下用滴管逐滴加入 2mL 事先配好的 $NaOH\text{-}CH_3OH$ 溶液（称取 0.08g NaOH 于小烧杯中，加入 5mL 甲醇，使之完全溶解而配成）。

滴加完毕，注意观察，当体系出现凝胶时，待凝胶块打碎后再继续加入余下的 $NaOH\text{-}CH_3OH$ 溶液。水浴温度控制在 35℃，继续反应 1～1.5h，即可结束。

抽滤，用 40mL 乙醇分三次洗涤反应物，烘干，称重，计算产率。

五、注意事项

1. 溶解 PVAc 时，要先加甲醇，再在搅拌下慢慢将 PVAc 碎片加入，不然会黏成团，影响溶解。

2. 搅拌的好坏是本实验成败的关键，在实验中要注意观察现象，当胶冻出现后，要及时提高搅拌转速，保证醇解反应进行完全。

六、问题与讨论

1. 聚乙烯醇制备中影响醇解度的因素是什么？

2. 醇解过程中出现凝胶时，为什么要将凝胶块打碎再继续滴加溶有氢氧化钠的甲醇溶液？

实验九　聚乙烯醇缩醛化制备107胶

一、实验目的

1. 进一步了解高分子化学反应的原理。

2. 通过聚乙烯醇的缩醛化制备胶水，了解PVA缩醛化的反应原理。

二、实验原理

早在1931年，人们就已经研制出聚乙烯醇（PVA）的纤维，但因其水溶性而无法实际应用。利用“缩醛化”减少其水溶性，就使得PVA有了较大的实际应用价值。用甲醛进行缩醛化反应得到聚乙烯醇缩甲醛PVF。随缩醛化程度不同，PVF的性质和用途也有所不同。控制缩醛在35%左右，就得到人们称为“维纶”的纤维（vinylon）。维纶的强度是棉花的1.5～2.0倍，吸湿性5%，接近天然纤维，因此又称为“合成棉花”。

在PVF分子中，如果控制其缩醛度在较低水平，由于PVF分子中含有羟基、乙酰基和醛基，因此有较强的黏结性能，可作胶水使用，用来黏结金属、木材、皮革、玻璃、陶瓷、橡胶等。

聚乙烯醇缩甲醛是利用聚乙烯醇与甲醛在盐酸催化的作用下而制得的。

$$\sim\sim CH_2\underset{\underset{OH}{|}}{CH}-CH_2\underset{\underset{OH}{|}}{CH}-CH_2\underset{\underset{OH}{|}}{CH}\sim\sim \xrightarrow[H^+]{RCHO} \sim\sim \underbrace{CH_2\underset{\underset{O}{|}}{CH}-CH_2\underset{\underset{O}{|}}{CH}}_{\underset{R\quad H}{C}}-CH_2\underset{\underset{OH}{|}}{CH}\sim\sim$$

高分子链上的羟基未必能全部进行缩醛化反应，会有一部分羟基残留下来。本实验是合成水溶性聚乙烯醇缩甲醛胶水（107胶），反应过程中需控制较低的缩醛度，使产物保持水溶性。若反应过于猛烈，则会造成局部高缩醛度，导致不溶性物质存在于胶水中，影响胶水质量。因此在反应过程中，要特别注意严格控制催化剂用量、反应温度、反应时间及反应物比例等因素。

三、仪器与试剂

1. 仪器

250mL三颈瓶，回流冷凝管，恒温水浴，电动搅拌器，温度计，10mL、100mL量筒，广范pH试纸。

2. 试剂

聚乙烯醇1799（PVA）（17g），甲醛溶液（36%）（3mL），盐酸（1∶4），NaOH（8%），去离了水（90mL）。

四、实验步骤

在装有冷凝管、温度计与搅拌器的250mL三颈瓶中加入90mL去离子水和17g PVA，在搅拌下升温溶解。

升温到90℃，待PVA全部溶解后，降温至85℃左右加入3mL甲醛搅拌15min，滴加

1∶4 的盐酸溶液，控制反应体系 pH 值为 1～3，保持反应温度在 90℃左右。

当体系中出现气泡或有絮状物产生时，立即迅速加入 1.5mL 8%的 NaOH 溶液，调节 pH 值为 8～9，冷却、出料，所得无色透明黏稠液体即为 107 胶。

五、问题与讨论

1. 为什么缩醛度增加，水溶性会下降？

2. 缩醛化反应能否达到 100%？为什么？

实验十　反相悬浮聚合制备高吸水性树脂及吸水性能测定

一、实验目的

1. 了解反相悬浮聚合的机理、体系组成及作用。

2. 掌握反相悬浮聚合的工艺特点及合成聚合物类高吸水性树脂的方法。

二、实验原理

高吸水性树脂（super absorbent resin，SAR）又称超强吸水剂，是一种具有卓越吸水性和保水性的新型功能高分子材料，能迅速吸收其自重成百上千倍的水分，即使加压也不滴漏，明显优于海绵、吸水纸、脱脂棉等传统吸水材料，已广泛应用于农林园艺、医疗卫生、环境保护、土木建筑、石油化工等诸多领域作为土壤改良剂、保水剂、纸尿布、卫生巾、增稠剂、脱水剂、堵水剂等。

高吸水性树脂之所以具有超强吸水力，与其低交联的亲水性三维空间网络结构密切相关，由于 SAR 分子链上存在大量的亲水基团（如羧基或羧基离子等），和水接触时会与水分子发生水合作用而使网链扩张；同时，树脂内部亲水的离子浓度较高，造成网链内外产生渗透压，促使水分子向树脂内部渗透；此外，网链上同性基团的相互排斥，亦使网链进一步扩张。这样树脂就可以吸收大量的水分，而且树脂所具有的立体交联网链结构使树脂只能溶胀，不能溶解。

根据原料和合成方法的不同，SAR 可分为合成聚合物系、淀粉系和纤维素系等三大类，其中聚丙烯酸（盐）体系是产量最大、应用最广的一类。本实验采用丙烯酸经氢氧化钠等强碱物质处理，将—COOH 转变为—COONa，再将其与少量 N,N'-亚甲基双丙烯酰胺共聚，形成适度交联的网络结构高分子，反应方程式如下：

$$\underset{\displaystyle |\atop \displaystyle \mathrm{COONa}}{\mathrm{CH_2{=}CH}} \quad + \quad \begin{array}{l} \mathrm{CH_2{=}CH} \\ \quad\;\, | \\ \quad \mathrm{CONH} \\ \qquad\quad \backslash \\ \qquad\qquad \mathrm{CH_2} \\ \qquad\quad / \\ \quad \mathrm{CONH} \\ \quad\;\, | \\ \mathrm{CH_2{=}CH} \end{array} \longrightarrow \begin{array}{l} \qquad\qquad\;\; \mathrm{COONa} \\ \qquad\qquad\quad\;\; | \\ \sim\sim \mathrm{CH_2{-}CH{-}CH_2{-}CH} \sim\sim \\ \qquad\qquad\qquad\qquad\;\; | \\ \qquad\qquad\qquad\quad \mathrm{{-}CONH} \\ \qquad\qquad\qquad\qquad\qquad \backslash \\ \qquad\qquad\qquad\qquad\qquad\; \mathrm{CH_2} \\ \qquad\qquad\qquad\qquad\qquad / \\ \qquad\qquad\qquad\quad\;\; \mathrm{CONH} \\ \qquad\qquad\qquad\qquad\;\; | \\ \sim\sim \mathrm{CH_2{-}CH{-}CH_2{-}CH} \sim\sim \\ \qquad\qquad\quad\;\; | \\ \qquad\qquad\;\; \mathrm{COONa} \end{array}$$

聚丙烯酸钠吸水树脂吸水前，高分子链相互靠拢缠绕在一起，彼此交联成网状结构。其高分子链上有强吸水基团—COONa，它在水中电离，—COO 基团吸附水分子的作用和基团间的静电排斥作用，可以使弯曲分子伸展，分子链间的距离增大，水分子更容易进入分子链间，体积膨胀。此外当—COONa 发生电离后，在高分子网络结构内外产生离子浓度差，从而在网络结构内外产生渗透压，水分子在渗透压作用下向网络结构中渗透，其体积进一步膨胀，所以聚丙烯酸钠吸水树脂具有高的吸水性和保水性。

通常，悬浮聚合是采用水作分散介质，在搅拌和分散剂的双重作用下，单体被分散成细小的颗粒进行的聚合，由于丙烯酸是水溶性单体，以水作为聚合介质得到的产品成块状不易粉碎，而反相悬浮聚合法合成的产品为粉状，所以采用反相悬浮聚合法制备聚丙烯酸钠高吸水树脂。

三、仪器与试剂

1. 仪器

250mL 三颈瓶，回流冷凝管，恒温水浴，电动搅拌器，温度计，100mL 量筒，100mL 烧杯。

2. 试剂

丙烯酸（AA）（10.0g），NaOH 水溶液（20%）（25mL），正己烷（30.0g），N,N'-亚甲基双丙烯酰胺（0.2g），过硫酸钾（0.05g），山梨醇酐单硬脂酸酯 Span-60（0.5g）。

四、实验步骤

称取 10.0g 丙烯酸于 100mL 的烧杯中，然后将烧杯放在冰水中，在搅拌的条件下缓慢加入 25mL 20%的 NaOH 水溶液，加入 0.05g 过硫酸钾，搅拌，待其溶解后，移至滴液漏斗中。称取 0.5g Span-60、0.2g N,N'-亚甲基双丙烯酰胺和 30.0g 正己烷于三颈瓶中，然后把三颈瓶放入恒温水浴中。在三颈瓶上装好搅拌器、冷凝管和滴液漏斗，开动搅拌并升温至 70℃，得到乳白色液体，然后滴加溶液，半小时左右滴完，加料完毕后，反应 1～2h，得到白色膏状物，停止加热，将产物倒入到蒸发皿中，在 120℃的烘箱中烘干至恒重。

吸水率的测定：

（1）取布袋一只，于自来水中浸透，沥去滴水，并用滤纸将表面水分吸干，称重，记下布袋的质量 m_0。

（2）称取上述已烘干并研碎的吸水树脂 2.0g 左右，记质量 m_1，放入布袋中，将布袋口扎紧。

（3）将 500mL 烧杯中装满蒸馏水，将装有吸水树脂的布袋置于水中，静置 0.5h，取出，沥干水，当布袋无水滴后，再用滤纸将布袋表面擦干，称重，记为 m_2。

（4）吸水树脂吸水率 S 由下式计算：

$$S=\frac{m_2-m_0-m_1}{m_1}\times 100\%$$

式中，S 为吸水率；m_2 为浸水后装有吸水树脂的布袋的质量，g；m_0 为浸水后空布袋的质量，g；m_1 为吸水树脂的质量，g。

五、问题与讨论

1. 高吸水性树脂的吸水机理是什么？
2. 悬浮聚合与反相悬浮聚合有何异同？
3. 影响高吸水性树脂吸水率的工艺参数有哪些？

实验十一　羧甲基壳聚糖的制备

一、实验目的

1. 了解羧甲基壳聚糖的基本类型及壳聚糖羧甲基化的机理。

2. 掌握羧甲基壳聚糖的制备方法。

二、实验原理

羧甲基壳聚糖（carboxymethyl-chitosan，CMC）是一种水溶性壳聚糖衍生物，为两性聚电解质，是在壳聚糖高分子链上引入亲水基团—CH_2COOH 而成的，壳聚糖经羧甲基化改性后，水溶性增强，尤其是在中性和碱性溶液中的溶解性显著增强，使其具有成膜、增稠、保湿、螯合等特性，也因此其在农业、医药、保健品、化妆品、保鲜、环保等方面有广泛应用。

羧甲基壳聚糖是在壳聚糖分子链中的羟基或氨基上引入羧甲基基团，而得到的一类衍生物。根据羧甲基取代的位置不同，可分为 *O*-羧甲基壳聚糖（*O*-CMC），*N*-羧甲基壳聚糖（*N*-CMC）和 *N*,*O*-羧甲基壳聚糖（*N*,*O*-CMC）三种类型。

羧甲基壳聚糖制备的方法一般分为四步：溶胀、碱化、羧甲基化和提纯。壳聚糖在碱性介质中与氯乙酸发生反应，生成的产物为 *O*-羧甲基壳聚糖；而在浓碱液中与氯乙酸反应，通过适当地控制反应条件，可以得到 *N*,*O*-羧甲基壳聚糖。本实验主要以壳聚糖为原料，以水为分散相、氢氧化钠为碱化剂、氯乙酸为改性剂、乙醇为产物析出剂，制得水溶性较好且具有良好吸湿性的羧甲基壳聚糖。在低浓度的碱性条件下，发生反应(1)，生成 *O*-羧甲基壳聚糖；在高浓度的碱性条件下，发生反应(2)，生成 *N*,*O*-羧甲基壳聚糖。

CH_2OH / OH / NH_2 —— $Cl—CH_2COOH$，△，NaOH ⟶ CH_2OCH_2COOH / OH / NH_2　　(1)

CH_2OH / OH / NH_2 —— $Cl—CH_2COOH$，△，NaOH ⟶ CH_2OCH_2COOH / OH / $NHCH_2COOH$　　(2)

三、仪器与试剂

1. 仪器

100mL 三颈瓶，恒温水浴，机械搅拌装置，冷凝管。

2. 试剂

壳聚糖（1.0g），氯乙酸（1.2g），异丙醇（10mL），氢氧化钠（11.34g），冰醋酸，无水乙醇。

四、实验步骤

在装有搅拌器、回流冷凝管和温度计的三颈瓶中加入 1.0g 壳聚糖，再加入 10mL 异丙醇，搅拌 1h，使其溶胀。在上述溶液中加入配制好的浓度为 40%的氢氧化钠溶液（11.34g NaOH 溶于 17mL H_2O），搅拌。让壳聚糖在碱性条件下溶胀，形成碱化中心。将 1.2g 氯乙酸分多次加入溶液中，每次间隔 2min，加热至 70℃，反应 2h，得到羧甲基壳聚糖混合物。向溶液中加入蒸馏水、冰醋酸调节 pH 值至 7。

抽滤，用无水乙醇洗涤滤饼 3 次，洗涤后的滤饼在 50℃下烘箱中烘干，即得白色粉状的羧甲基壳聚糖粗品。

五、问题与讨论

1. 为什么分多次加入氯乙酸？

2. 能否不进行碱化反应，直接加入氢氧化钠和氯乙酸进行羧基化反应？为什么？

实验十二　环氧树脂的制备

一、实验目的

1. 掌握双酚 A 型环氧树脂的实验室制法。

2. 掌握环氧值的测定方法。

二、实验原理

环氧树脂是指含有环氧基的聚合物。它是一种多品种、多用途的新型合成树脂，且性能很好，对金属、陶瓷、玻璃等许多材料具有优良的黏结能力，所以有万能胶之称，又因为它的电绝缘性能好、体积收缩小、化学稳定性高、机械强度大，所以被广泛用作黏结剂、增强塑料（玻璃钢）、电绝缘材料、铸型材料等，在国民经济建设中具有很大作用。

双酚 A 型环氧树脂是环氧树脂中产量最大、使用最广的一个品种，它是由双酚 A 和环氧氯丙烷在氢氧化钠存在下反应生成的。其反应式如下：

$$n\underset{\diagdown O \diagup}{CH_2{-}CHCH_2Cl} + n\,HO{-}C_6H_4{-}C(CH_3)_2{-}C_6H_4{-}OH \xrightarrow{NaOH}$$

$$\underset{\diagdown O \diagup}{CH_2{-}CH}CH_2{+}O{-}C_6H_4{-}C(CH_3)_2{-}C_6H_4{-}O{-}CH_2{-}\underset{OH}{CH}{-}CH_2{+}_n O{-}C_6H_4{-}C(CH_3)_2{-}C_6H_4{-}O{-}CH_2{-}\underset{\diagdown O \diagup}{CH{-}CH_2}$$

改变原料配比、聚合反应条件（如反应介质、温度及加料顺序等），可获得不同分子量与软化点的环氧树脂。为使产物分子链两端都带环氧基，必须使用过量的环氧氯丙烷。

环氧树脂中环氧基的含量是反应控制和树脂应用的重要参考指标，根据环氧基的含量可计算产物分子量，环氧基含量也是计算固化剂用量的依据。环氧基含量可用环氧值或环氧基的百分含量来描述。环氧基的百分含量是指每 100g 树脂中所含环氧基的质量。而环氧值是指每 100g 环氧树脂所含环氧基的物质的量。因为环氧树脂中的环氧基在盐酸的有机溶液中能被 HCl 开环，所以测定消耗的 HCl 的量，即可算出环氧值。过量的 HCl 用标准 NaOH-乙醇液回滴。分子量小于 1500 的环氧树脂，用盐酸-丙酮滴定法测定其环氧值，分子量高的用盐酸-吡啶滴定法。

环氧树脂未固化时为热塑性的线型结构，使用时必须加入固化剂。环氧树脂的固化剂种类很多，有多元胺、羧酸、酸酐等。使用多元胺固化时，固化反应为多元胺的氨基与环氧预聚体的环氧端基之间的加成反应。该反应无需加热，可在室温下进行，叫冷固化。

三、仪器与试剂

1. 仪器

四颈瓶，回流冷凝管，恒温水浴，电动搅拌器，温度计，旋转蒸发仪，滴液漏斗，125mL 碘瓶，25mL 移液管，滴定管，表面皿。

2. 试剂

双酚 A（11g），环氧氯丙烷（14g），NaOH 水溶液（4g NaOH 溶于 10mL 水），苯（30mL），$AgNO_3$ 溶液（少量），盐酸-丙酮溶液（将 1mL 浓盐酸溶于 40mL 丙酮中混合均匀)，NaOH 乙醇溶液（将 2g NaOH 溶于 50mL 乙醇中，以酚酞作指示剂，用标准苯二甲酸氢钾溶液标定)，乙二胺（0.3g)。

四、实验步骤

1. 树脂的合成

在装有搅拌器、冷凝管、温度计和滴液漏斗的四颈瓶中分别加入 11g 双酚 A、14g 环氧氯丙烷，开动搅拌，加热升温至 75℃，待双酚 A 全部溶解后，将 NaOH 水溶液自滴液漏斗中慢慢滴加到反应瓶中，注意保持反应温度在 70℃左右，约 0.5h 滴完。在 75～80℃继续反应 1.5～2h，可观察到反应混合物呈乳黄色。停止加热，冷却至室温，向反应瓶中加入 15mL 蒸馏水和 30mL 苯，充分搅拌后，倒入 250mL 的分液漏斗中，静置，分去水层，油层用蒸馏水洗涤数次，直至水层为中性且无氯离子（用 $AgNO_3$ 溶液检测)。油相用旋转蒸发仪除去绝大部分的苯、水、未反应环氧氯丙烷，再真空干燥得环氧树脂。

2. 环氧值的测定

取 125mL 碘瓶两只，各准确称取 1g 左右的环氧树脂（精确到 mg)，用移液管分别加入 25mL 盐酸-丙酮溶液，加盖摇动使树脂完全溶解。在阴凉处放置约 1h，加 3 滴酚酞指示剂，用 NaOH 乙醇溶液滴定，同时按上述条件作空白对比两个。

环氧值 E 按下式计算：

$$E=\frac{(V_1-V_2)c}{1000m}\times 100\text{g}$$

式中，V_1 为空白滴定所消耗 NaOH 溶液体积，mL；V_2 为样品消耗的 NaOH 溶液体积，mL；c 为 NaOH 溶液的浓度，mol/L；m 为树脂质量，g。

3. 树脂固化

在一干净的表面皿中称取 4g 环氧树脂，加入 0.3g 乙二胺作为固化剂，用玻璃棒调和均匀，室温放置，观察树脂固化情况。记录固化时间。

4. 树脂性能测试

参照前面的实验内容，对树脂进行拉伸强度、弯曲强度和冲击强度等力学性能测试。

五、问题与讨论

1. 合成环氧树脂的反应中，若 NaOH 的用量不足，将对产物有什么影响？
2. 环氧树脂的分子结构有何特点？为什么环氧树脂具有良好的黏结特性？

实验十三　强酸型阳离子交换树脂的制备

一、实验目的

1. 学习如何通过悬浮聚合制得颗粒均匀的悬浮共聚物。
2. 了解制备功能高分子的方法。

二、实验原理

离子交换树脂应用极为广泛，它可用于水处理、原子能工业、海洋资源、化学工业、食品加工、分析检测、环境保护等领域。离子交换树脂是具有体型网状结构的高分子，它在溶剂中不能溶解，但能与溶液中的离子起交换反应。阳离子交换树脂可与溶液中的阳离子交换：

$$R—SO_3—H^+ + Na^+Cl^- \rightleftharpoons R—SO_3—Na^+ + H^+Cl^-$$

式中，R代表树脂母体，最常见的树脂母体是苯乙烯和二乙烯苯的共聚物。

离子交换树脂是球型小颗粒，这样的形状使离子交换树脂的应用十分方便。用悬浮聚合方法制备球状聚合物是制取离子交换树脂的重要实施方法。本实验制备的是凝胶型磺酸树脂，先用悬浮聚合法制取苯乙烯和二乙烯苯共聚珠体（俗称白球），然后用浓硫酸磺化成强酸型阳离子交换树脂。共聚珠体的制备是以苯乙烯和二乙烯苯为单体，过氧化苯甲酰为引发剂，羟乙基纤维素为分散剂，水为分散介质。为了使磺化反应深入白球内部，采用二氯乙烷作溶胀剂，它只会使白球充分溶胀而不会与浓硫酸起反应。珠体的粒度主要取决于搅拌速度、分散剂的种类和用量、水相和单体相的比例以及具体操作等因素。

聚合反应：

$$n CH_2{=}CH(C_6H_5) + m CH_2{=}CH—C_6H_4—CH{=}CH_2 \xrightarrow{BPO}$$

$$\begin{array}{l} \sim CH_2—CH(C_6H_5)—CH_2—CH(C_6H_4—)—CH_2—CH(C_6H_5)\sim \\ \sim CH_2—CH(C_6H_5)—CH_2—CH(—)—CH_2—CH(C_6H_5)\sim \end{array}$$

（交联聚苯乙烯）

磺化反应：

$$+\!\!\left(CH_2—CH(C_6H_5)\right)\!\!\!_n + H_2SO_4 \longrightarrow +\!\!\left(CH_2—CH(C_6H_4SO_3H)\right)\!\!\!_n + H_2O$$

离子交换树脂的性能指标中最重要的一项是交换容量，它表征离子交换能力的大小，有两种表示方法：一种是每克干树脂交换离子的毫摩尔数，称为重量交换容量，单位是mmol/g；另一种是每毫升湿树脂交换离子的毫摩尔数，称为体积交换容量，单位是mmol/mL。

三、仪器与试剂

1. 仪器

250mL三颈瓶，回流冷凝管，恒温水浴，电动搅拌器，温度计，布氏漏斗，标准筛（30～70目），100mL量筒。

2. 试剂

苯乙烯（St）（41g），羟乙基纤维素（0.3g），二乙烯苯（DVB）（9g），过氧化苯甲酰（BPO）（0.5g），0.1%亚甲基蓝水溶液，二氯乙烷，浓硫酸（92%～93%），HCl（5%），NaOH（5%），氯化钠。

四、实验步骤

1. 白球制备

在250mL三颈瓶内，预先加入150mL蒸馏水和0.3g羟乙基纤维素浸泡。次日开动搅拌并升温至50℃使羟乙基纤维素完全溶解。滴加几滴0.1%亚甲基蓝水溶液使水相呈明显蓝色即可。停止搅拌，加入预先混合好的41g苯乙烯、9g二乙烯苯（含量一般为40%）和0.5g过氧化苯甲酰溶液。开动搅拌控制转速，用取样管吸出部分油珠放在表面皿上观察油珠大小。升温至80～85℃维持2h，再升温至95℃并保温3h。反应结束后，倾出上层液体，用热水将珠体洗涤几次，再用冷水洗几次，然后将小球倒入尼龙布袋中，将水甩干后，把树脂置于瓷盘中自然晾干，用30～70目标准筛过筛后称重，计算合格率。

2. 白球磺化

将20g白球放入装有搅拌器和回流冷凝管的250mL三颈瓶中，加入20mL二氯乙烷溶胀10min后加入100mL浓硫酸（93%），开动搅拌慢速转动。升温至70℃，保温1h；30min内升温至80～85℃，保温3h；30min内升温至110℃，保温1h，同时蒸出二氯乙烷。冷却至室温，用抽滤棒抽去反应瓶中的浓硫酸，加入50mL 74%硫酸搅拌10min，在搅拌下缓慢滴加蒸馏水稀释，温度小于35℃。用蒸馏水反复洗涤至pH=7。

3. 树脂性能测试

（1）水分测定：在扁形称量瓶中称1g左右的湿树脂（准确到mg），放入（105±2)℃的烘箱中烘2h，取出放入干燥器冷却至室温，再称量。

$$水分(\%)=\frac{干燥前树脂质量-干燥后树脂质量}{干燥前树脂质量}\times 100\%$$

（2）交换容量的测定：称取1g左右湿树脂（准确到mg），放入250mL锥形瓶中，加入1mol/L NaCl溶液100mL，摇匀5min，放置2h，使H型树脂中的H^+被Na^+交换出来转入溶液中。用0.1mol/L标准NaOH溶液滴定。

$$交换容量=\frac{M\times V}{W(1-水分\%)}(\text{mmol/g}\ 干树脂)$$

式中，M为NaOH标准溶液的浓度，mol/L；V为耗去的NaOH溶液体积，mL；W为湿树脂样品的质量，g。

每次测试至少做两个平行试验。

（3）显微镜下观察离子交换树脂的形状，并观察是否有裂球现象。

注：在单体中纯二乙烯苯所占的质量分数称为树脂的交联度，即

$$交联度=\frac{二乙烯苯质量}{苯乙烯质量+二乙烯苯质量}\times 100\%$$

五、问题与讨论

1. 欲使制得的白球合格率高，实验中应注意哪些问题？

2. 磺化的后处理过程中，为什么需逐渐稀释硫酸以及滴加水的速度不宜过快且控制温度小于35℃？

实验十四　酚醛树脂的合成

一、实验目的

1. 了解缩聚合反应的特点及反应条件对产物性能的影响。

2. 学会在苯酚存在下测定甲醛含量的方法。

二、实验原理

酚醛树脂是最早合成的并用于胶黏剂工业的高分子化合物品种之一。一般常指由酚类化合物（苯酚、甲酚、二甲酚或间苯二酚）和醛类化合物（甲醛、乙醛、多聚甲醛、糠醛）在酸性或碱性催化剂存在下缩聚而成的树脂，它是最早合成的一类热固性树脂。

由于酚醛树脂的原料易得、价格低廉、生产工艺和设备简单，而且产品具有优良的机械

性、耐热性、耐寒性、电绝缘性、尺寸稳定性、成型加工性、阻燃性及低烟雾性，因此，其广泛用于木材工业的胶合板、人造纤维板、密度板等加工及电绝缘层压板材、玻璃纤维增强塑料、碳纤维增强塑料等复合材料制造中。

本实验是在酸性催化剂存在下，使甲醛与过量苯酚缩聚而得到热塑性酚醛树脂，其反应如下：

$$C_6H_5OH + HCHO \xrightarrow{H^+} HOC_6H_4CH_2OH$$

$$HOC_6H_4CH_2OH + C_6H_5OH \longrightarrow HOC_6H_4-CH_2-C_6H_4OH$$

继续反应生成：

$$\sim C_6H_3(OH)-CH_2-C_6H_3(OH)-CH_2-C_6H_3(OH)\sim$$

线型酚醛树脂分子量在1000以下，聚合度约4～10。

根据甲醛与亚硫酸钠作用生成氢氧化钠的量来计算甲醛含量，其反应如下：

$$HCHO + Na_2SO_3 + H_2O \longrightarrow H-\underset{SO_2Na}{\overset{H}{C}}-OH + NaOH$$

三、仪器与试剂

1. 仪器

恒温水浴，电动搅拌器，回流冷凝管，温度计，250mL三颈瓶，抽滤装置，表面皿，20mL移液管，250mL锥形瓶。

2. 试剂

甲醛（20g），苯酚（25g），Na_2SO_3（1mol/L，50mL），盐酸（0.5mL）。

四、实验步骤

1. 酚醛树脂的合成

将25g苯酚及20g甲醛溶液在250mL三颈瓶中混合，然后固定在固定架上，装好回流冷凝管、搅拌器、温度计，在加热套中缓缓加热，使温度保持在（60±2）℃。取3g试样后，加入0.5mL盐酸，反应即开始。每隔30min用滴管取2～3g试样，放入预先称量好的250mL锥形瓶中，分别进行分析。

经3h反应后，将反应瓶中的全部物料倒入蒸发皿中，冷却后倒去上层水，下层缩合物用水洗涤数次，至呈中性为止，然后用小火加热，由于有水存在，树脂在开始加热时起泡沫。当水蒸气蒸发完后，移去煤气灯（防止烧焦），倒在铁皮上冷却，称重。

2. 甲醛含量的测定

将3g苯酚与甲醛的混合物放在250mL锥形瓶中，加25mL蒸馏水，加3滴酚酞，用NaOH标准溶液滴定至呈粉红色。再加50mL 1mol/L的Na_2SO_3溶液，为了使Na_2SO_3与甲醛反应完全，混合物应在室温下放置2h，然后用0.5mol/L HCl溶液滴定至褪色为止。

五、数据处理

1. 计算产率。

2. 苯酚存在下甲醛含量的测定

$$X=\frac{0.03\times V\times c}{m}\times 100\%$$

式中，X 为甲醛含量，%；V 为滴定消耗的盐酸的体积，mL；c 为盐酸的浓度，mol/L；m 为样品的质量，g；0.03 相当于 1mL 1mol/L 盐酸溶液的甲醛含量，g/mol。

六、问题与讨论

1. 影响酚醛树脂合成的因素有哪些？

2. 为什么在甲醛含量的测定中，先要用 NaOH 标准溶液滴定至粉红色？

第三章

高分子物理实验

实验一　黏度法测定聚合物的分子量

一、实验目的

1. 掌握毛细管黏度计测定聚合物分子量的原理。

2. 学会用黏度法测定特性黏度。

3. 通过对聚乙烯醇水溶液黏度的测定来反映聚乙烯醇的分子量。

二、实验原理

分子量是聚合物的重要参数之一，它对聚合物力学性能、溶解性、流动性有很大影响，因此通过测定分子量及分子量分布可以进一步了解聚合物的性能，用它来指导控制聚合物生产条件，以获得需要的产品。

线型聚合物溶液的基本特性之一，是黏度比较大，并且其黏度值与分子量有关，因此可利用这一特性测定聚合物的分子量。黏度法测定聚合物分子量，设备简单，操作便利，又有较好的实验精确度。同时，这一方法一旦确定经验常数，就能适用于各种分子量测定范围，是聚合物科研和生产中最常用的方法。

聚合物溶液的黏度比纯溶剂的黏度要大得多，溶液的黏度除了与聚合物的分子量有密切关系外，还对溶液浓度有很大的依赖性。所以用黏度法测定聚合物的分子量时要消除浓度对黏度的影响。常以两个经验式（Huggins 方程式和 Kraemer 方程式）表示黏度对浓度的依赖关系：

$$\frac{\eta_{sp}}{c}=[\eta]+k[\eta]^2c \tag{3-1}$$

$$\ln\eta_r=[\eta]-\beta[\eta]^2c \tag{3-2}$$

式中，η_{sp} 为溶液的增比黏度；η_r 为溶液的相对黏度；k 和 β 均为常数，其中 k 为 Huggins 参数。

若以 η_0 表示纯溶剂的黏度，η 表示溶液的黏度。则

$$\eta_r=\eta/\eta_0 \tag{3-3}$$

$$\eta_{sp}=\frac{\eta-\eta_0}{\eta_0}=\eta_r-1 \tag{3-4}$$

$$\lim_{c\to 0}\frac{\eta_{sp}}{c}=\lim_{c\to 0}\frac{\ln\eta_r}{c}=[\eta] \tag{3-5}$$

$[\eta]$ 就是聚合物溶液的特性黏数，与溶液浓度无关。单位可与浓度的单位相对应，通

常是 mL/g 或 dL/g。

大部分线型柔性链聚合物/良溶剂体系在稀溶液范围都满足式(3-1) 和式(3-2)。所以按式(3-1)、式(3-2) 用 η_{sp}/c 对 c 和 $\ln\eta_r/c$ 对 c 作图，外推到 $c\to 0$ 所得的截距应重合于一点，即 $[\eta]$ 值（图 3-1）。

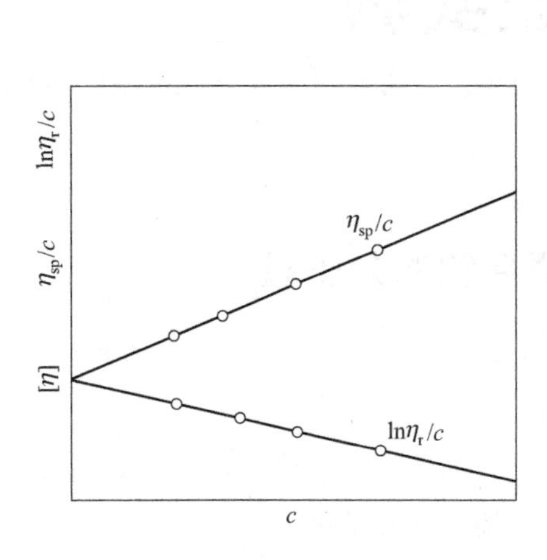

图 3-1　求取特性黏数示意图

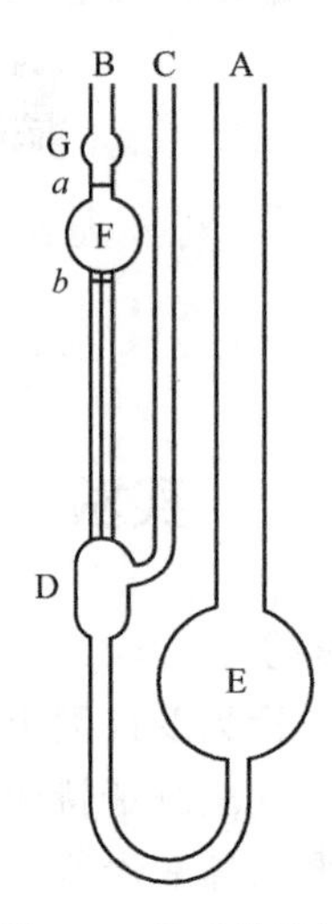

图 3-2　乌氏黏度计

特性黏数 $[\eta]$ 不仅与聚合物分子量有关系，还与高分子链在溶液里的形态有关。一般高分子链在溶液中卷得很紧，溶液流动时，溶剂分子随高分子链一起流动，则特性黏数与聚合物分子量的平方根成正比；若高分子链在溶液中呈完全伸展的松散状，溶液流动时，溶剂分子是完全自由的，此时特性黏数与聚合物分子量成正比。因此，特性黏数与黏均分子量的关系随所用溶剂、测定温度不同而不同，目前常采用一个包含两个参数的经验式(3-6) 来表示

$$[\eta]=kM_v^{\alpha} \tag{3-6}$$

式中，k，α 是与聚合物种类、溶剂体系、温度范围等有关的常数；M_v 即为聚合物的黏均分子量。因此，通过求得特性黏度，就可以再利用式(3-6) 求得黏均分子量。

一般用黏度表征聚合物溶液在流动过程中所受阻力的大小。相对黏度的测定是采用乌式黏度计（图 3-2）。以 V 表示时间 t 内流经毛细管的溶液体积；p 为压力差；R 为毛细管半径；L 为毛细管的长度；η 为流体黏度。在 t 时间内经毛细管的溶液体积 V：

$$V=\frac{\pi R^4 pt}{8\eta L} \tag{3-7}$$

因 $p=\rho hg$（ρ 为流体密度；g 为重力加速度；h 为液柱高），所以

$$\eta=\frac{\pi R^4 \rho hgt}{8LV} \tag{3-8}$$

实际上毛细管的半径与长度的测量较困难，故实测时都是求溶液黏度与溶剂黏度的比值，即相对黏度 η_r。当用同一支黏度计时，测定的溶液与纯溶剂的体积不变。所以

$$\frac{\rho_0}{\eta_0}t_0=\frac{\rho}{\eta}t \tag{3-9}$$

因为聚合物溶液黏度的测定，通常在极稀的浓度下进行，所以溶液和溶剂的密度近似相

等，$\rho=\rho_0$，因此相对黏度可以改写为

$$\eta_r=\frac{\eta}{\eta_0}=\frac{t}{t_0} \tag{3-10}$$

式(3-10) 必须符合下列条件：①液体的流动没有湍流；②液体在管壁上没有滑动；③促使流动的力，全部用于克服液体间的内摩擦；④末端校正在 L/R 较大的情况下可以不计。对于一般毛细管黏度计，若考虑其促使流动的力，除克服其流动内摩擦外，尚有部分消耗于液体流动时的动能，这部分能量的消耗量需予以校正。

当选择的乌氏黏度计 $t_0>100s$ 时，动能校正值很小，可以忽略不计，则 $\eta_r=\frac{t}{t_0}$。

此外，还可以用一点法来测量黏均分子量。一点法中直接应用的计算公式很多，比较常用的是程氏公式：

$$[\eta]=\frac{\sqrt{2(\eta_{sp}-\ln\eta_r)}}{c} \tag{3-11}$$

由式(3-1) 减去式(3-2) 得

$$\frac{\eta_{sp}}{c}-\frac{\ln\eta_r}{c}=(k+\beta)[\eta]^2c \tag{3-12}$$

当 $k+\beta=\frac{1}{2}$时即得程氏公式(3-11)。

从推导过程可知，程氏公式是在假定 $k+\beta=\frac{1}{2}$时或者 $k\approx0.3\sim0.4$ 的条件下才成立。因此在使用时体系必须符合这个条件，而一般在线型聚合物的良溶剂体系中都可满足这个条件，所以应用较广。

许多情况下，尤其是在生产单位工艺控制过程中，常需要对同种类聚合物的特性黏数进行大量重复测定。如果都按正规操作，每个样品至少要测定 3 个以上不同浓度溶液的黏度，这是非常麻烦的，在这种情况下，如能采用一点法进行测定将十分方便和快速。

三、仪器与试剂

1. 仪器

乌氏黏度计，计时用的秒表，25mL 容量瓶，分析天平，恒温槽装置（玻璃缸、电动搅拌器、调压器、加热器、继电器、接点温度计，50℃十分之一刻度的温度计等），3# 玻璃砂芯漏斗，加压过滤器，50mL 针筒，50mL 烧杯，洗耳球，10mL 移液管。

2. 试剂

聚乙烯醇样品，去离子水。

四、实验步骤

1. 纯溶剂流出时 t_0 的测定

将干净烘干的黏度计，用去离子水洗 2～3 次，再固定在恒温（30±0.1)℃水槽中，使其保持垂直，并使 F 球全部浸泡在水中并过 a 线，如图 3-2，然后从 A 管加入纯溶剂去离子水 10～50mL，恒温 10～15min，开始测定。闭紧 C 管上的乳胶管，用吸耳球从 B 管将纯溶剂吸至 G 球的一半，拿下洗耳球打开 C 管，记下纯溶剂流经 a、b 刻度线之间的时间为 t_0。重复三次测定，每次误差<0.2s，取三次的平均值。

2. 溶液流经时间 t 的测定

取洁净干燥的聚乙烯醇试样，在分析天平上准确称取 0.05g，溶于 50mL 烧杯内（加去

离子水 10mL 左右），微微加热，使其完全溶解，但温度不宜高于 60℃，待溶质完全溶解后用砂芯漏斗滤至 25mL 容量瓶内（用去离子水将烧杯洗 2～3 次滤入容量瓶内）。恒温 15min 左右，用准备好的纯溶剂稀释到刻度，反复摇均匀，再加入黏度计内（5mL）。恒温 10～15min 即测定，测定方法同测定溶剂一样。

3. 稀释法测一系列溶液的流出时间

因液柱高度与 A 管内液面的高低无关。因而流出时间与 A 管内试液的体积没有关系，可以直接在黏度计内对溶液进行一系列的稀释。用移液管依次加入去离子水 5mL、5mL、5mL，使溶液浓度变为起始浓度的 1/2、1/3、1/4。加溶剂后，必须用针筒鼓泡并抽上 G 球三次，使其浓度均匀，抽的时候一定要慢，不能有气泡抽上去，待温度恒定才进行测定。

五、数据处理

测得数据记入下表：

序号		1	2	3	4	5
时间 t/s	1					
	2					
	3					
平均时间 $\bar{t}_i$/s						
浓度 c_i/(g/mL)		╲				
$\eta_r=\frac{\bar{t}_i}{t_0}$		╲				
$\frac{\ln\eta_r}{c}$/(mg/g)		╲				
η_{sp}		╲				
$\frac{\eta_{sp}}{c}$/(mg/g)		╲				

六、问题与讨论

1. 用黏度法测定聚合物分子量的依据是什么？
2. 用一点法测分子量有什么优越性？
3. 资料里查不到 K、α 值，如何求得 K、α 值？

实验二　端基分析法测定聚合物的分子量

一、实验目的

1. 掌握用端基分析法测定聚合物分子量的原理和方法。
2. 用端基分析法测定聚酯样品的分子量。

二、实验原理

端基分析法是测定聚合物分子量的一种化学方法。凡是聚合物的化学结构明确，每个高分子链的末端具有可供化学分析的基团，理论上均可用此方法测定其分子量。一般的缩聚物（如聚酯、聚酰胺等）是由具有可反应基团的单体缩合而成的，每个高分子链的末端仍有活性反应基团，而且缩聚物的分子量通常不是很大，因此，端基分析法应用很广。对于线型聚合物而言，样品分子量越大，单位质量中所含的可供分析的端基越少，分析误差也越大，因此端基分析法适合于分子量较小的聚合物，可测定的分子量范围在 100～20000。

假设在质量为 m 的样品中含有分子链的物质的量为 N，被分析基团的物质的量为 N_t，

每个高分子链含有的基团数为 n，则样品的分子量为

$$M_n=\frac{m}{N}=\frac{m}{N_t/n}=\frac{nm}{N_t} \tag{3-13}$$

线型聚酯是由二元酸和二元醇缩合而成的，每个大分子链的一端为羟基，另一端为羧基。因此可以通过测定一定质量的聚酯样品中的羧基或羟基的数目而求得其分子量。羧基的测定可采用酸碱滴定法进行，而羟基的测定可采用乙酰化的方法，即加入过量的乙酸酐使大分子链末端的羟基转变为乙酰基。然后使剩余的乙酸酐水解变为乙酸，用标准 NaOH 溶液滴定可求得过剩的乙酸酐。从乙酸酐消耗量即可计算出样品中所含羟基的数目。

在测定聚酯的分子量时，一般首先根据羧基和羟基的数目分别计算出聚合物的分子量，然后取其平均值。在某些特殊情况下，如果测得的两种基团相差甚远，则应对其原因进行分析。

由于聚酯分子链中间部位不存在羧基或羟基，$n=1$，因此式(3-13)可写为：

$$M_n=\frac{m}{N_t} \tag{3-14}$$

用羧酸计算分子量时：

$$M_n=\frac{m\times1000}{c_{NaOH}(V_0-V_f)} \tag{3-15}$$

式中，c_{NaOH} 为 NaOH 的浓度，mol/L；V_0 为滴定时的起始读数，mL；V_f 为滴定终点时的读数，mL。

用羟基计算分子量时：

$$M_n=\frac{m\times1000}{N_t'-c_{NaOH}(V_0-V_f)} \tag{3-16}$$

式中，N_t' 为所加的乙酸酐物质的量；c_{NaOH} 为滴定过剩乙酸酐所用的氢氧化钠的浓度；V_0 为滴定时的起始读数；V_f 为滴定终点时的读数。

由以上原理可知，有些基团可以采用最简单的酸碱滴定进行分析，如聚酯的羧基、聚酰胺的羧基和氨基；而有些不能直接分析的基团也可以通过转化变为可分析基团，但转化过程必须明确和完全，同时由于像缩聚类聚合物往往容易分解，因此，转化时应注意不使聚合物降解。对于大多数的烯烃类加聚物，一般分子量较大且无可供分析基团，而不能采用端基分析法测定其分子量，但在特殊需要时也可以通过在聚合过程中采用带有特殊基团的引发剂、终止剂、链转移剂等在聚合物中引入可分析基团甚至同位素等。

采用端基分析法测定分子量时，首先必须对样品进行纯化，除去杂质、单体及不带可分析基团的环状物。由于聚合过程往往要加入各种助剂，有时会给提纯带来困难，这也是端基分析法的主要缺点。因此最好能了解杂质类型，以便选择提纯方法。对于端基数量与类型，除了根据聚合机理确定以外，还需要注意在生产过程中是否为了某种目的（如提高抗老化性能）而对端基封闭或转化处理。另外，在进行滴定时采用的溶剂应既能溶解聚合物，又能溶解滴定试剂。端基分析除了可以灵活应用各种传统化学分析方法外，也可采用电导滴定、电位滴定及红外光谱、元素分析等仪器分析方法。

三、仪器与试剂

1. 仪器

分析天平，磨口锥形瓶，移液管，滴定装置，回流冷凝管，电热套。

2. 试剂

待测样品聚酯，三氯甲烷，0.1mol/L NaOH 乙醇溶液，乙酸酐吡啶（体积比 1∶10），苯，去离子水，酚酞指示剂，0.5mol/L NaOH 乙醇溶液。

四、实验步骤

1. 羧基的测定

用分析天平准确称取 0.5g 样品，置于 250mL 磨口锥形瓶内，加入 10mL 三氯甲烷，摇动，溶解后加入酚酞指示剂，用 0.1mol/L NaOH 乙醇溶液滴定至终点。由于大分子链端羧基的反应性低于低分子物，一般在滴定羧基时需等 5min 后，如果红色不消失才算滴定到终点。但等待时间过长时，空气中的 CO_2 也会与 NaOH 起作用而使酚酞褪色。

2. 羟基的测定

用分析天平准确称取 1g 聚酯，置于 250mL 干燥的锥形瓶内，用移液管加入 10mL 预先配制好的乙酸酐吡啶溶液（又称乙酰化试剂）。在锥形瓶上装好回流冷凝管，然后进行加热并不断搅拌。反应时间约 1h。然后由冷凝管上口加入 10mL 苯（为了便于观察终点）和 10mL 去离子水，待完全冷却后以酚酞做指示剂，用标准 0.5mol/L NaOH 乙醇溶液滴定至终点。同时做空白实验。

五、数据处理

根据羧基与羟基的量，分别按各自公式计算平均分子量，然后计算其平均值，如两者相差较大需分析其原因。

六、问题与讨论

1. 测定羧基时为什么采用 NaOH 的乙醇溶液而不用水溶液？

2. 在乙酰化试剂中，吡啶的作用是什么？

实验三　浊点滴定法测定聚合物的溶度参数

一、实验目的

1. 了解聚合物溶度参数的基本概念和实用意义。

2. 了解聚合物在溶剂中的溶解情况。

3. 掌握用浊点滴定法测定聚合物溶度参数的方法。

二、实验原理

聚合物的溶度参数常被用于判别聚合物与溶剂的互溶性，对于选择聚合物的溶剂或稀释剂有着重要的参考价值。低分子化合物的溶度参数一般是从气化热直接测得，聚合物由于其分子间的相互作用能很大，欲使其气化较困难，往往未达气化点已先裂解。所以聚合物的溶度参数不能直接从气化能测得，而是用间接方法测定。用于测定聚合物溶度参数的实验方法有黏度法、交联后的溶胀平衡法、反相色谱法和浊点滴定法等。也可通过组成聚合物基本单元的化学基团的摩尔引力常数来估算。确定某一聚合物的溶度参数对聚合物溶剂的选择有重要意义。

在二元互溶体系中，只要某聚合物的溶度参数 δ_p，在两个互溶溶剂的 δ 值的范围内，我们便可以调节这两个互溶混合溶剂的溶度参数，使该混合溶剂的溶度参数 δ_{sm} 值和 δ_p 很接近。这样，我们只要把两个互溶溶剂按照一定的百分比配制成混合溶剂，就可以溶解高分子。该混合溶剂的溶度参数 δ_{sm} 可近似地表示为：

$$\delta_{sm}=\varphi_1\delta_1+\varphi_2\delta_2 \tag{3-17}$$

式中，φ_1，φ_2 分别表示溶液中组分 1 和组分 2 的体积分数。

浊度滴定法是将待测聚合物溶于某一溶剂中，然后用沉淀剂（能与该溶剂混溶）来滴定，直至溶液开始出现浑浊为止。这样，我们便得到在浑浊点时，混合溶剂的溶度参数 δ_{sm} 值。

聚合物溶于二元互溶溶剂的体系中，允许体系的溶度参数有一个范围。本实验我们选用两种具有不同溶度参数的沉淀剂来滴定聚合物溶液，这样得到溶解该聚合物混合溶剂溶度参数的上限和下限，然后取其平均值，即为聚合物的 δ_p 值。

$$\delta_p=\frac{1}{2}(\delta_{mh}+\delta_{ml}) \tag{3-18}$$

这里 δ_{mh} 和 δ_{ml} 分别为高、低溶度参数的沉淀剂滴定聚合物溶液，在浑浊点时混合溶剂的溶度参数。

三、仪器与试剂

1. 仪器

10mL 滴定管，50mL 具塞锥形瓶，5mL 和 10mL 移液管，25mL 容量瓶，50mL 烧杯。

2. 试剂

聚苯乙烯粉末样品，三氯甲烷，正戊烷，甲醇。

四、实验步骤

称取 0.2g 聚苯乙烯，用选定的溶剂，溶于 25mL 溶剂中（先用三氯甲烷作溶剂）。用移液管取 5mL 溶液，放入一个锥形瓶中，用正戊烷滴定，滴定时要轻轻晃动试管，至沉淀不消失为滴定终点。记下滴定用去的正戊烷体积。然后用同样的方法，用甲醇沉淀剂滴定聚合物溶液，直至沉淀不再消失为止，记下消耗甲醇的体积。将 0.1g、0.05g 聚苯乙烯溶于 25mL 溶剂中。同上述操作顺序进行滴定。

五、数据处理

1. 将结果列于下表。

溶液浓度 /(g/mL)	正戊烷 /mL	甲醇 /mL	δ_{mh} /($cal^{1/2}/cm^{3/2}$)	δ_{ml} /($cal^{1/2}/cm^{3/2}$)	δ_p /($cal^{1/2}/cm^{3/2}$)	δ_p 平均值 /($cal^{1/2}/cm^{3/2}$)

2. 根据式(3-17) 计算混合溶剂的溶度参数 δ_{mh} 和 δ_{ml}。

3. 由式(3-18) 计算聚合物的溶度参数 δ_p 值。

六、问题与讨论

1. 将求得的聚苯乙烯的溶度参数值同文献值对照，比较有无偏差，查找原因。

2. 浊点滴定法测定聚合物溶度参数时候，根据什么原则选择溶剂和沉淀剂？溶剂与聚合物的溶度参数相近，能否保证二者互溶？为什么？

实验四　膨胀计法测定聚合物的玻璃化转变温度

一、实验目的

1. 掌握膨胀计法测定聚合物玻璃化转变温度的基本原理和方法。

2. 了解升温速度对聚合物玻璃化转变温度的影响。

3. 测定聚苯乙烯的玻璃化转变温度。

二、实验原理

某些液体在温度迅速下降时被固化成为玻璃态而不发生结晶作用的现象称作玻璃化转变，其发生转变时的温度称为玻璃化转变温度，记作 T_g。聚合物具有玻璃化转变现象，聚合物的玻璃化转变对非晶态聚合物而言，是指其从玻璃态到高弹态的转变（温度由低到高），或从高弹态到玻璃态的转变（温度由高到低）；对晶态聚合物来说，是指其中非晶部分的这种转变。

玻璃化转变温度 T_g 是聚合物的特征温度之一，它是高分子链柔性的指标，可以作为聚合物的特征指标。从工艺角度来看，T_g 是非晶态热塑性塑料使用温度的上限，是橡胶使用温度的下限，具有重要的工艺意义。当聚合物由玻璃态转变为高弹态时，模量下跌 3～4 个数量级，材料从坚硬的固体转变成柔软的弹性体。许多其他物理性质，如体积（比容），热力学性质（比热、焓）和电磁性质（介电系数、介电损耗、核磁共振吸收谱线宽度等）都有明显的变化。

本实验的基本原理来源于应用最为广泛的自由体积理论。根据自由体积理论可知：聚合物的体积由大分子已占体积和分子间的空隙，即自由体积组成。自由体积是分子运动时必需的空间。温度越高，自由体积越大，越有利于链段中的短链作扩散运动而不断地进行构象重排。当温度降低，自由体积减小，降至玻璃化转变温度以下时，自由体积减小到一个临界值以下，链段的短链扩散运动受阻不能发生（即被冻结）时，就发生玻璃化转变，如图 3-3 所示。

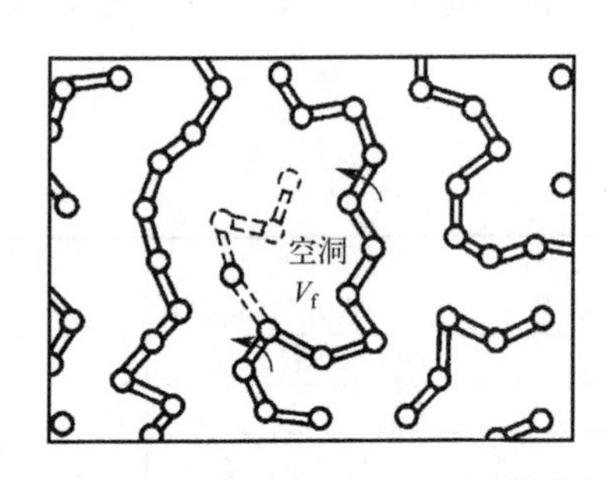

图 3-3　链段实体和自由体积示意图

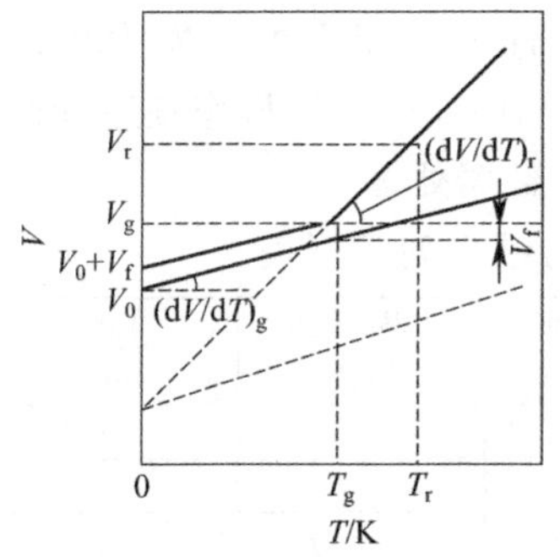

图 3-4　自由体积理论示意图

在聚合物各种物理量中，比容在玻璃化转变温度时的变化具有特别的重要性。如图 3-4 所示，曲线的斜率 dV/dT 是体积膨胀率。曲线斜率发生转折所对应的温度就是玻璃化转变温度 T_g，有时实验数据不产生尖锐的转折，通常是将两根直线延长，取其交点所对应的温度作为 T_g。

实验证明，T_g 的大小与测试条件有关。测试时冷却或升温速率越快，则所测得的 T_g 越高，这表明玻璃化转变是一种松弛过程。由 $\tau=\tau_0 e^{\Delta H/RT}$ 可知，链段的松弛时间与温度成反比，即温度越高，松弛时间越短。在某一温度下，聚合物的体积具有一个平衡值，即平衡体积。当冷却到另一温度时，体积将作相应的收缩（体积松弛），这种收缩要通过分子构象的调整来实现。因此需要一定的时间。显然，温度越低，体积收缩速率越小。在高于 T_g 的温度上，体积收缩速率大于冷却速率，在每一温度下，聚合物的体积都可以达到平衡值。当聚合物冷却到某一温度时，体积收缩速率和冷却速率相当。继续冷却，体积收缩速率已跟不上冷却速率，此时试样的体积大于该温度下的平衡体积值。因此，在比容温度曲线上将出现转折，转折点所对应的温度即为这个冷却速率下的 T_g。冷却速率越快，要求体积收缩速率也越快（即链段运动的松弛时间越短），因此，测得的 T_g 越高，如图 3-5 所示。

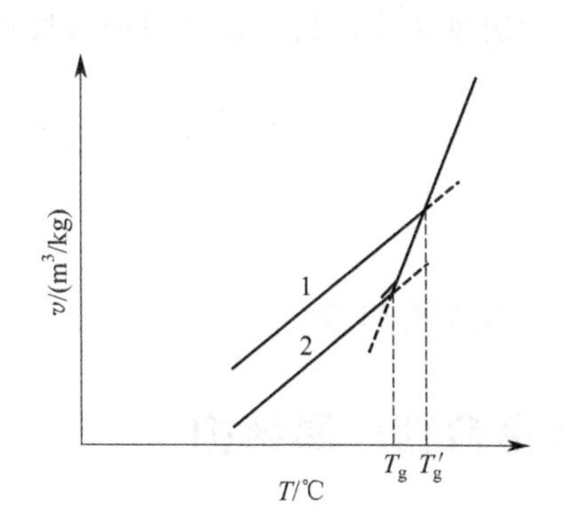

图 3-5　非晶聚合物的比容-温度关系

1—快速冷却；2—慢速冷却

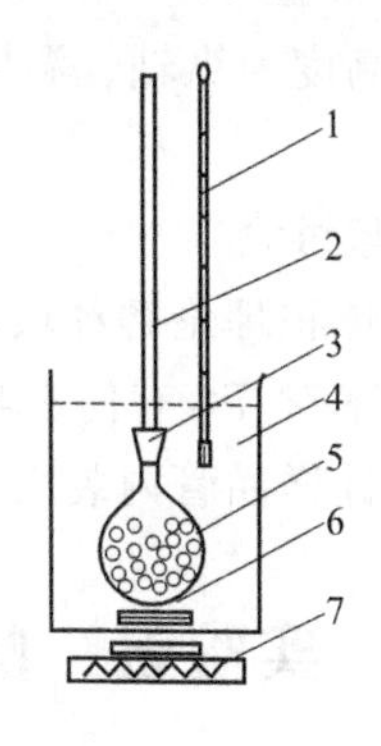

图 3-6　膨胀计

1—温度计；2—带刻度毛细管，直径约 1mm，长 30cm；3—标准磨口；4—水浴；5 —玻璃膨胀计，体积约 10mL；6—磁子；7—带加热的磁力搅拌器

膨胀计法是测定玻璃化转变温度最常用的方法，通过该法测定聚合物的比容与温度的关系。膨胀计如图 3-6 所示，在膨胀计中装入一定量的试样，将此装置放入恒温油浴中，以一定速率升温或降温，记录液面高度随温度的变化。因为在 T_g 前后试样的比容发生突变，所以比容-温度曲线将发生偏折，将曲线两端的直线部分外推，其交点即为玻璃化转变温度 T_g。

三、仪器与试剂

1. 仪器

膨胀计，甘油油浴锅，温度计，电炉，调压器，电动搅拌器。

2. 试剂

聚苯乙烯，乙二醇，真空密封油。

四、实验步骤

（1）先在洗净、烘干的膨胀计样品管中加入聚苯乙烯颗粒，加入量约为样品管体积的 4/5。然后缓慢加入乙二醇，同时用玻璃棒轻轻搅拌驱赶气泡，并保持管中液面略高于磨口下端。

（2）在膨胀计毛细管下端磨口处涂上少量真空密封油，将毛细管插入样品管，使乙二醇升入毛细管柱的下部，不高于刻度 10 小格，否则应适当调整液柱高度，用滴管吸掉多余乙二醇。

（3）仔细观察毛细管内液柱高度是否稳定，如果液柱不断下降，说明磨口密封不良，应该取下擦净重新涂敷密封油，直至液柱刻度稳定，并注意毛细管内不留气泡。

（4）将膨胀计样品管浸入油浴锅，垂直夹紧，谨防样品管接触锅底。

（5）打开加热电源开始升温，并开动搅拌机，适当调节加热电压，控制升温速率为 1℃/min 左右。间隔 5min 记录一次温度和毛细管液柱高度。当温度升至 60℃以上时，应该每升高 2℃，就要记录一次温度和毛细管液柱高度，直至 110℃，停止加热。

（6）取下膨胀计及油浴锅，当油浴温度降至室温，可另取一支膨胀计装好试样，改变升温速率为 3℃/min，按上述操作要求重新实验。

五、数据处理

将所得数据填入下表：

温度 /℃												…
毛细管液面高度 /cm												…

以毛细管高度为纵轴、温度横轴作图，在转折点两边做切线，其交点处对应温度即为玻璃化转变温度。

六、问题与讨论

1. 用自由体积理论解释玻璃化转变过程。

2. 升温速率对 T_g 有何影响？为什么？

3. 若膨胀计样品管内装入的聚合物量太少，对测试结果有何影响？

实验五　偏光显微镜法观察聚合物球晶结构

一、实验目的

1. 熟悉偏光显微镜的构造，掌握偏光显微镜的使用方法。

2. 学习用熔融法制备聚合物球晶。

3. 观察不同结晶温度下得到的球晶的形态，估算聚丙烯球晶大小。

二、实验原理

聚合物的结晶受外界条件影响很大，而结晶聚合物的性能与其结晶形态等有密切的关系，所以对聚合物的结晶形态研究有着很重要的意义。聚合物在不同条件下形成不同的结晶，比如单晶、球晶、纤维晶等等，而其中球晶是聚合物结晶时最常见的一种形式。球晶可以长得比较大，直径甚至可以达到厘米数量级。

球晶的基本结构单元是具有折叠链结构的片晶，而球晶是从一个中心（晶核）在三维方向上一齐向外生长晶体而形成的径向对称的结构，即一个球状聚集体。电子衍射实验证明了球晶分子链是垂直球晶半径的方向排列的。如图 3-7 所示。

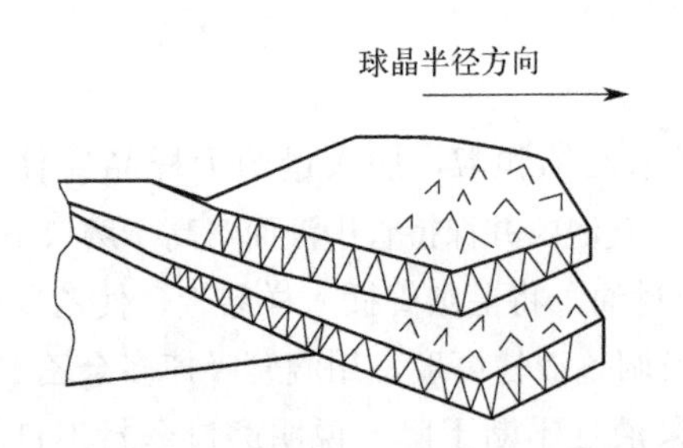

图 3-7　球晶内晶片的排列与分子链取向

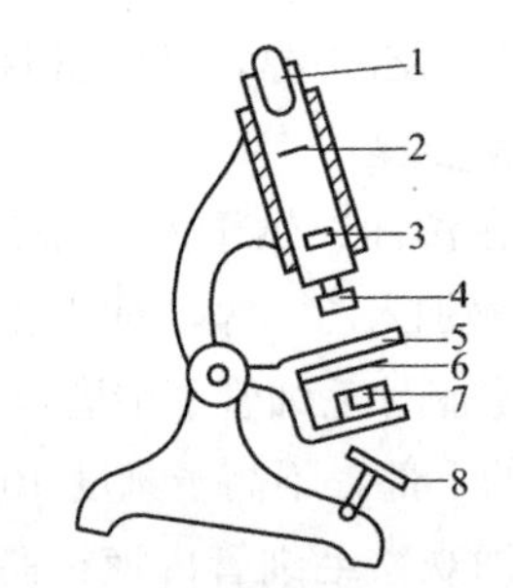

图 3-8　偏光显微镜结构示意图

1—目镜；2—透镜；3—检偏镜；4—物镜；5—载物台；6—聚光镜；7—起偏镜；8—反光镜

用偏光显微镜观察球晶的结构是根据聚合物球晶具有双折射性和对称性。偏光显微镜的结构如图 3-8 所示。当一束光线进入各向同性的均匀介质中，光速不随传播方向而改变，因此各方向都具有相同的折射率。而对于各向异性的晶体来说，其光学性质是随方向而异的。当光线通过它时，就会分解为振动平面互相垂直的两束光，它们的传播速度除光轴外，一般是不相等的，于是就产生两条折射率不同的光线，这种现象称之为双折射。晶体的一切光学性质都是和双折射有关。

在正交偏光显微镜下观察，分子链的取向排列使球晶在光学性质上是各向异性的，即在平行于分子链和垂直于分子链的方向上有不同的折光率，在分子链平行于起偏镜或检偏镜的方向上将产生消光现象。呈现出球晶特有的黑十字消光图案（称为 Maltase 十字）。

此外，在有的情况下，晶片会周期性地扭转，从一个中心向四周生长，这样，在偏光显微镜中就会看到由此而产生的一系列消光同心圆环。

三、仪器与试样

1. 仪器

偏光显微镜，载玻片和盖玻片，电炉热台，烘箱，镊子。

2. 试样

等规聚丙烯树脂粒料。

四、实验步骤

（1）启动电脑，打开显微镜摄像程序。

（2）显微镜调整，预先打开汞弧灯 10min，以获得稳定的光强。

（3）制备样品。首先将 1/3～1/4 粒聚丙烯树脂放在已于 240～260℃电炉热台上恒温的载玻片上，待树脂熔融后，加上盖玻片加压成膜。保温两分钟，然后将制成的薄膜样品迅速移至另一个温度为 120℃的烘箱中，结晶 2h 后取出，使样品自然冷却到室温。

（4）聚丙烯的结晶形态观察。安装上偏光显微镜的目镜、物镜后，开启钠光灯，显微镜反光镜对准光源，调至显微镜视野最亮，在偏光显微镜下观察球晶体，观察黑十字消光图案。微调至在屏幕上观察到清晰球晶体，保存图像。

（5）聚丙烯球晶尺寸的测定。聚合物晶体薄片放在正交显微镜下观察，用显微镜目镜分度尺测量球晶直径，测定步骤如下：

① 将带有分度尺的目镜插入镜筒内，将载物台显微尺置于载物台上，使视区内同时见两尺。

② 调节焦距使两尺平行排列、刻度清楚。并使两零点相互重合，即可算出目镜分度尺的值。

③ 取走载物台显微尺，将预测样品置于载物台视域中心，观察并记录晶形，读出球晶在目镜分度尺上的刻度，即可算出球晶直径大小。

（6）实验完毕，关掉热台的电源，关掉显微镜和电脑电源。

五、数据处理

画出用偏光显微镜所观察到的球晶形态示意图。

六、问题与讨论

1. 结晶温度对球晶尺寸有何影响？
2. 本实验中应注意哪些问题？

实验六　扫描电子显微镜观察聚合物的表面形貌

一、实验目的

1. 了解扫描电子显微镜的原理。
2. 掌握扫描电子显微镜的基本结构和操作。

3. 学习使用扫描电子显微镜观察聚合物样品的微观结构。

二、实验原理

扫描电子显微镜（scanning electron microscopy，SEM）是介于透射电子显微镜和光学显微镜之间的一种观察手段。其利用聚焦很窄的高能电子束来扫描样品，通过光束与物质间的相互作用，来激发各种物理信息，对这些信息收集、放大、再成像以达到对物质微观形貌表征的目的。扫描电子显微镜具有景深大、分辨率高、成像直观、立体感强、放大倍数范围宽以及待测样品可在三维空间内进行旋转和倾斜等特点。另外具有可测样品种类丰富，几乎不损伤和污染原始样品以及可同时获得形貌、结构、成分和结晶学信息等优点。目前，扫描电子显微镜已广泛应用于生命科学、物理学、化学、地球科学、材料学以及工业生产等领域的微观研究。

近年来，由于人们对材料学的广泛关注，扫描电子显微镜也成为材料学不可缺少的测试手段之一。扫描电子显微镜可放大到 20 万倍，分辨率可达到 0.5nm，各项性能也较为突出，特别是在材料学中，扫描电镜与 X 射线能量分散谱（energy dispersive spectroscopy，EDS）的联用受到研究者的认可，其可对样品进行化学成分定量分析。

扫描电子显微镜是一个复杂的系统，浓缩了电子光学技术、真空技术、精细机械结构以及现代计算机控制技术。扫描电镜是在加速高压作用下将电子枪发射的电子经过多级电磁透镜汇集成细小的电子束。在试样表面进行扫描，激发出各种信息，通过对这些信息的接收、放大和显示成像，对试样表面进行分析。入射电子与试样相互作用产生各种信息，这些信息的二维强度分布随试样的表面特征而变（这些特征有表面形貌、成分、晶体取向、电磁特性等），将各种探测器收集到的信息按顺序、成比率地转换成视频信号，再传送到同步扫描的显像管并调制其亮度，就可以得到一个反应试样表面状况的扫描图。

图 3-9 是常用扫描电子显微镜的结构原理示意图。电子从灯丝中发射出来，进入电场中，在

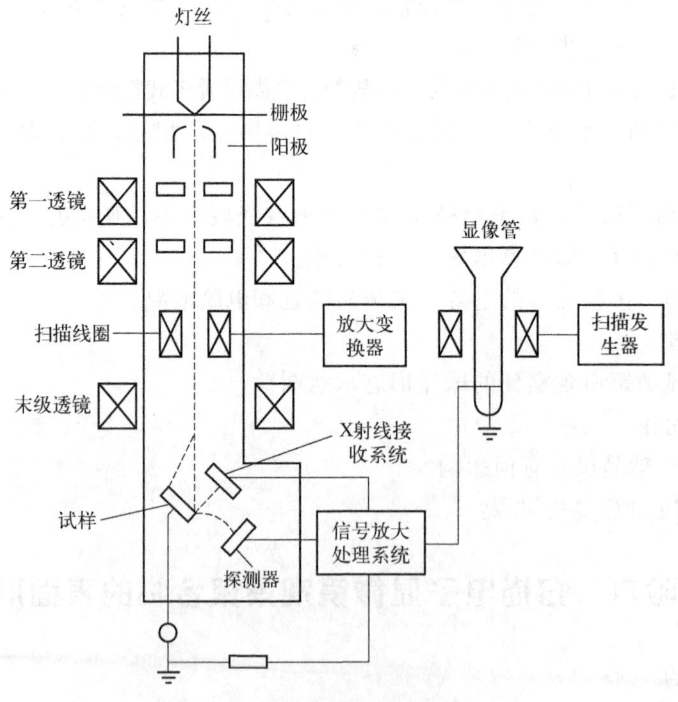

图 3-9 扫描电子显微镜结构原理图

电场力的作用下不断加速，同时经过 3 个投射电磁透镜的协调作用，电子运动到样品表面附近时已经变为非常细的、高速的电子束（最小直径只有几纳米）。该电子束经过样品上方扫描线圈的作用，对样品表面进行扫描。高能、高速的电子束轰击样品表面，与其发生作用，激发出蕴含各种不同信息的物理信号，其强度随样品表面形貌、特征和电子束强度的变化而变化。收集样品表面各种各样的特征信号，根据不同要求，对其中的某些物理信号进行检测、放大等处理，改变加在阴极射线管两端的电子束强度，使在阴极射线管荧光屏上显示能够反映样品表面某些特征的扫描图像。

扫描电镜要求样品必须是固体，无毒、无放射性、无污染、无水分，成分稳定，块状样品大小要适中，粉末样品要进行特殊处理，不导电的和导电性能差的样品要进行喷金处理。扫描电镜对样品的厚度无苛刻要求。导体样品一般不需要任何处理就可以进行观察。聚合物的样品在电子束作用下，特别是进行高倍数观察时，也可能出现熔融或分解现象。在这种情况下，也需要进行样品复型。但由于对复型膜厚度无要求，其制作过程也就简单了很多。

扫描电镜目前可以用于研究试样表面的凹凸和形状及表面的组成分布；可测量发光性样品的结构缺陷；可进行杂质的检测及生物抗体的研究；还可以用来观察增强高分子材料中填料在聚合物中的分布、形状及黏结情况等。

三、仪器与试样

1. 仪器

ZEISS Gemini-500 型扫描电子显微镜，防静电镊子，导电胶，牙签。

2. 试样

聚乙烯醇粉体。

四、实验步骤

（1）安装样品。用牙签粘取样品粉末粘于导电胶上。然后用气泵吹拭样品以除去未粘牢的样品。金属、岩石等样品尽量粉碎。测试样品尽量保持高度一致。

（2）电镜一般处于开机状态，不用再重新开机。打开电镜测试界面。点击 SEM control 页面右下角 Vent 键，释放气体，降低样品室压力。大约两分钟后，压力降到大气压，打开舱门。

（3）将样品台缓慢置于样品室的底座上，有平截面的一端置于样品室里边。

（4）抽真空。点击 Pump 键，开始抽真空。此时，右下角会有一个时间显示。3～5min 后，抽真空结束。真空显示小于 5×10^{-5} mbar。

（5）加高压。点击 EHT ON 键，开始施加高压。右下角也会出现一个时间显示。1～2min 后加高压完成。

（6）开始测试。升高样品台。寻找样品。

（7）逐步放大图像倍数。同时调节聚焦旋钮，使样品边界清楚。再调节像散、对比度、明亮度等旋钮，找到最佳图像。

（8）降噪，冷冻图像，保存图像。

（9）能谱分析。打开 Remcon32，连通扫描电镜和能谱仪，同时点击 Open Port 键。用 Espit 2.1 按钮打开能谱仪。点击“选区”“线扫”“面扫”等按钮。然后采集新图，收集数据。添加报告，输出报告。

（10）测试完毕，首先卸掉高压。然后降低气体压力。取出样品台。关闭舱门。最后再次抽真空。

五、数据处理

在实验指导教师的指导下完成结果分析。

六、问题与讨论

1. 扫描电子显微镜的基本原理是什么？

2. 使用扫描电子显微镜对样品有什么样的要求？

实验七　红外光谱法鉴定聚合物的结构

一、实验目的

1. 了解红外光谱法分析的原理。

2. 初步掌握简易红外光谱仪的使用。

3. 初步学会查阅红外谱图，定性分析聚合物。

二、实验原理

红外光按其波长的长短，可分为近红外区（0.78～2.5μm）、中红外区（2.5～50μm）和远红外区（50～300μm）。红外分光光度计的波长一般在中红外区。由于红外发射光谱很弱，所以通常测量的是红外吸收光谱。

红外光谱法分析具有速度快、取样微、高灵敏等优点，而且不受样品相态（气、液、固）的限制，也不受材质（无机材料、有机材料、高分子材料、复合材料）的限制，因此应用极为广泛。在高分子应用方面，它是研究聚合物的近程链结构的重要手段，可以鉴定主链结构、取代基的位置；可以测定聚合物的结晶度、支化度、取向度；也可以研究聚合物的相转变，共聚物的组分和序列分布等。总之，凡微观结构上起变化，而在谱图上能得到反映的，原则上都可用此法研究。

在分子中存在着许多不同类型的振动。可分为两大类：一类是原子沿键轴方向伸缩使键长发生变化的振动，称为伸缩振动。这种振动又分为对称伸缩振动和非对称伸缩振动。另一类是原子垂直键轴方向振动，此类振动会引起分子内键角发生变化，称为弯曲振动。这种振动又分为面内弯曲振动（包括平面及剪式两种振动）和面外弯曲振动（包括非平面摇摆振动和弯曲摇摆振动）。在原子或分子中有许多振动形式，但并不是每一种振动都会和红外辐射发生相互作用而产生红外吸收光谱。只有发生偶极矩变化（$\Delta\mu \neq 0$）的振动才能引起可观测的红外吸收光谱，该分子称为红外活性的；$\Delta\mu = 0$ 的分子振动不能产生红外振动吸收，称为非红外活性的。例如，H_2、O_2、N_2 电荷分布均匀，振动不能引起红外吸收。

产生红外光谱的必要条件是：

（1）红外辐射光的频率与分子振动的频率相当，才能满足分子振动能级跃迁所需的能量，而产生吸收光谱。

（2）能引起分子偶极矩变化的振动。

在正常情况下，这些具有红外活性的分子振动大多数处于基态，被红外辐射激发后，跃迁到第一激发态。这种跃迁所产生的红外吸收称为基频吸收。在红外吸收光谱中大部分吸收都属于这一类型。除基频吸收外还有倍频和合频吸收，但这两种吸收都较弱。

红外吸收谱带的强度与分子数有关，但也与分子振动时偶极矩变化率有关。变化率越大，吸收强度也越大，因此极性基团如羰基、胺基等均有很强的红外吸收带。如果用红外光去照射样品，并将样品对每一种单色的吸收情况记录，就得到红外光谱。

傅立叶变换红外光谱仪是由光源发射出红外光经准直系统变为一束平行光束后进入干涉仪系统，经干涉仪调制得到一束干涉光，干涉光通过样品后成为带有光谱信息的干涉光到达检测器，检测器将干涉光信号变为电信号，但这种带有光谱信息的干涉信号难以进行光谱解析。将它通过模/数转换器（A/D）送入计算机，由计算机进行傅立叶变换的快速计算，将这一干涉信号所带有的光谱信息转换成以波数为横坐标的红外光谱图，然后再通过数/模转换器（D/A）送入绘图仪，便得到测试样品的红外光谱图。其中最有分析价值的基团频率在 $4000\sim1300cm^{-1}$ 之间，这一区域称为基团频率区、官能团区或特征区。区内的峰是由伸缩振动产生的吸收带，比较稀疏，容易辨认，常用于鉴定官能团。

一些简单官能团的特征峰：

（1）烷烃：C—H 伸缩振动（$3000\sim2850cm^{-1}$）；C—H 弯曲振动（$1465\sim1340cm^{-1}$）；一般饱和烃 C—H 伸缩均在 $3000cm^{-1}$ 以下，接近 $3000cm^{-1}$ 的频率吸收。

（2）烯烃：烯烃 C—H 伸缩振动（$3100\sim3010cm^{-1}$）；C ═C 伸缩振动（$1675\sim1640cm^{-1}$）；烯烃 C—H 面外弯曲振动（$1000\sim675cm^{-1}$）。

（3）芳烃：芳环上 C—H 伸缩振动（$3100\sim3000cm^{-1}$）；C ═C 骨架振动（$1600\sim1450cm^{-1}$）；C—H 面外弯曲振动（$880\sim680cm^{-1}$）。

芳香化合物重要特征：一般在 $1600cm^{-1}$、$1580cm^{-1}$、$1500cm^{-1}$ 和 $1450cm^{-1}$ 可能出现强度不等的 4 个峰。$880\sim680cm^{-1}$ 为 C—H 面外弯曲振动吸收，依苯环上取代基个数和位置不同而发生变化，在芳香化合物红外谱图分析中，常常用此频区的吸收判别异构体。

（4）醇和酚：主要特征吸收是 O—H 和 C—O 的伸缩振动吸收。自由羟基 O—H 的伸缩振动：$3650\sim3600cm^{-1}$，为尖锐的吸收峰；分子间氢键 O—H 伸缩振动：$3500\sim3200cm^{-1}$，为宽的吸收峰；C—O 伸缩振动：$1300\sim1000cm^{-1}$；O—H 面外弯曲：$769\sim659cm^{-1}$。

三、仪器与试样

1. 仪器

Nicolet6700 型傅立叶变换红外光谱仪，压片机，模具和样品架，玛瑙研钵，不锈钢镊子，不锈钢药匙，红外干燥箱。

2. 试样

聚乙烯醇粉末，KBr（光谱纯），无水乙醇（A. R.），脱脂棉。

四、实验步骤

1. 准备工作

（1）开机：打开稳压电源，开启电脑，打开红外光谱仪电源开关，开机预热 30min。

（2）用玛瑙研钵一次研磨适量 KBr 晶体，置于红外干燥箱干燥脱水，放入干燥器备用。

（3）用脱脂棉蘸无水酒精，清洗压片模具及玛瑙研钵，并吹干，置于红外干燥箱烘干备用。

2. 试样的制备

取 2～3mg 聚乙烯醇粉末与 200～300mg 脱水干燥后的 KBr 粉末，置于玛瑙研钵中，在红外灯下研磨混匀，充分研磨至颗粒粒径在 $2\mu m$ 左右，用不锈钢药匙取 70～90mg 置于压片模具的孔洞中，样品要均匀地分散在模具孔的底部，组装好模具，用压片机压制成透明薄片待用。

3. 红外谱图的采集

（1）启动 OMNIC 软件，检查光学平台的工作状态。在 OMNIC 窗口光学平台状态右上角显示绿色“√”，即为正常，若显示红色“×”则表示仪器不能工作，应重新检查各连接是否有问题。

（2）在显示绿色“√”的条件下，点击采集下拉菜单里面的实验设置，设定采集样品前采集背景，还是采集样品后采集背景，或者是使用固定背景；设定扫描次数、光谱分辨率等条件。我们设定采集样品前采集背景，如果样品较多，也可以使用固定背景。

（3）点击采集下拉菜单里面的采集样品，开始采集背景，背景做完后，出现对话框，提示加入样品，打开红外光谱仪的样品仓门，将压好的透明薄片放置在样品架上，调节样品架的高度，使样品薄片处于红外光谱的光路中，再点击对话框中的确定，系统开始采集样品的红外谱图。测试结束后，系统自动扣除背景，所测样品的谱图显示在电脑屏幕的谱图窗口。

4. 结束工作

（1）关机：打开样品仓，取出被测样品，关闭 OMNIC 软件，关闭红外光谱仪电源，关闭电脑主机及显示器电源。

（2）用无水乙醇清洗玛瑙研钵、不锈钢药匙、镊子。

（3）清理台面，认真填写仪器使用记录。

五、数据处理

1. 点击数据处理菜单下的吸光度，把透过率变成吸光度。点击数据处理菜单下的自动基线校正，使图谱在同一水平，剪切掉校正前的谱图。点击数据处理菜单下的自动平滑，过滤掉无用的毛峰，进行适当的平滑处理。如果处理效果不明显，也可以选择手动基线校正或手动平滑。

2. 点击数据处理菜单下的透过率，把吸光度变成透过率。点击谱图分析菜单下的标峰，标出主要吸收峰的波数值，也可以选择手动标注工具进行标峰。存储数据，一般选择 CSV 格式，打印谱图。

3. 用计算机进行谱图检索，并判断各主要吸收峰的归属。

六、问题与讨论

1. 为什么要求 KBr 粉末干燥、避免吸水受潮？

2. 为什么研磨的颗粒粒径要在 2μm 左右？

实验八　毛细管流变仪测定聚合物的熔体流动特性

一、实验目的

1. 了解聚合物熔体的流动特性。

2. 掌握用毛细管流变仪测定聚合物熔体流动特性的原理和实验方法。

二、实验原理

聚合物的成型过程，如塑料的压制、压延、挤出、注射等工艺，化纤抽丝、橡胶加工等过程都是在聚合物处于熔体状态进行的。熔体受力作用，表现出流动和变形，这种流动和变形行为强烈地依赖于材料结构和外在条件，聚合物的这种性质称为流变行为（即流变性）。

测定聚合物熔体流变行为的仪器称为流变仪，有时又叫黏度计。流变仪按仪器施力方式不同可分为许多种，如落球式、转动式和毛细管挤出式等。这些不同类型的仪器，适用不同类型的仪器，适用于不同黏性流体在不同剪切速率范围的测定。

在测定和研究聚合物熔体流变性能的各种仪器中，毛细管流变仪是一种常用的较为合适的实验仪器，它具有功能多和剪切速率范围广的优点。毛细管流变仪既可以测定聚合物熔体在毛细管中的剪切应力和剪切速率的关系，又可以根据挤出物的直径和外观，在恒定应力下通过改变毛细管的长径比来研究熔体的弹性和不稳定流动（包括熔体破裂）现象，从而预测其加工行为，作为选择复合物配方，寻求最佳成型工艺条件和控制产品质量的依据，或者为高分子加工机械和成型模具的辅助设计提供基本数据。聚合物流体多属非牛顿流体，不同类型的流变曲线如图 3-10 所示，并可用式(3-19）表示它们之间的关系。

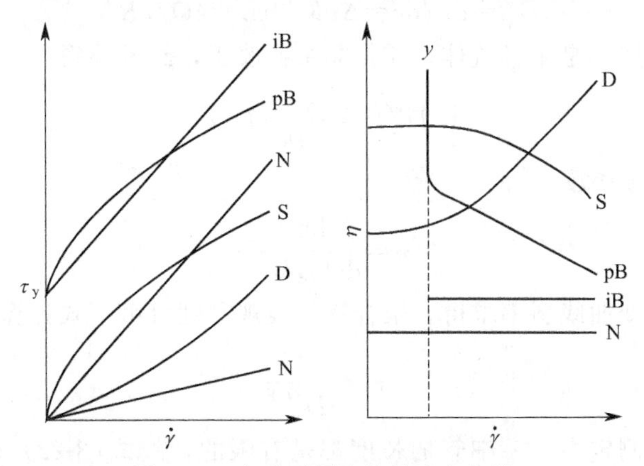

图 3-10　各种不同流体的流变曲线

N—牛顿流体；D—切力增稠液体；S—切力变稀液体；iB—理想宾汉体；pB—假塑性宾汉体

$$D=(\sigma-\sigma_y)^n/\eta \tag{3-19}$$

式中，D 为切变速率；σ 是切应力；σ_y 是屈服切应力；n 为非牛顿指数；η 是黏度。

当 $n=1$，$\sigma_y=0$ 时，式(3-19）就变成牛顿黏性流动定律：

$$D=\sigma/\eta \tag{3-20}$$

用毛细管流变仪可以方便地测定聚合物熔体的流动曲线。聚合物熔体在一个无限长的圆管中稳流时，可以认为流体某一体积单元（其半径为 r，长为 l）上承受的液柱压力与流体的黏滞阻力相平衡，即

$$\Delta p(\pi r^2)=\sigma(2\pi rl) \tag{3-21}$$

式中，Δp 为此体积单元流体所受压力差；σ 为切应力

$$\sigma=\frac{1}{2}\times\frac{\Delta pr}{l} \tag{3-22}$$

当压力梯度一定时，σ 随 r 增大而线性增大。在管壁处，即 $r=R$ 时，管壁切应力

$$\sigma_w=\frac{\Delta pR}{2L} \tag{3-23}$$

式中，R 和 L 是毛细管的半径和长度；Δp 为流体流过毛细管长度 L 时所引起的压力降。

牛顿流体在毛细管中流动时，具有抛物线状的速度分布曲线。其平均流动线速度

$$v=\frac{\Delta pR^2}{8L\eta} \tag{3-24}$$

在 r 处的切变速率 D 为

$$D=\frac{-\mathrm{d}v}{\mathrm{d}r}=\frac{\Delta pr}{2l\eta} \tag{3-25}$$

对 r 积分（边界条件 $r=R$ 时，$v=0$）可得流体的流动线速度 $V(r)$ 方程

$$V(r)=(\Delta pR^2/4\eta L)[1-(r/R)^2] \tag{3-26}$$

式(3-26）对截面积分可得体积流速 Q

$$Q=\int_0^R V(r)2\pi r\,\mathrm{d}r=\pi R^4\Delta p/8\eta L \tag{3-27}$$

由此可得著名的哈根-泊肃尔（Hagen-Poiseuille）的黏度方程

$$\eta=\pi R^4\Delta p/8QL \tag{3-28}$$

在毛细管壁处（$r=R$）的切变速率

$$D_{\mathrm{w}}=\mathrm{d}v/\mathrm{d}r=\Delta pR/2\eta L=4Q/\pi R^4 \tag{3-29}$$

但聚合物流体一般不是牛顿流体，需作非牛顿改正，经推导得：

$$D_{\mathrm{w}}^{改正}=\frac{3n+1}{4n}D_{\mathrm{w}} \tag{3-30}$$

式中，n 为非牛顿指数。

$$n=\frac{\mathrm{d}(\log\sigma_{\mathrm{w}})}{\mathrm{d}(\log D_{\mathrm{w}})} \tag{3-31}$$

可由未改正的流变曲线斜率求得。聚合物的表观黏度可由下式计算：

$$\eta_{\mathrm{a}}=\frac{\sigma_{\mathrm{w}}}{D_{\mathrm{w}}^{改正}} \tag{3-32}$$

但是，在实际的测定中，毛细管的长度都是有限的，故式(3-22）应修正。同时，由于流体在毛细管入口处的黏弹效应，毛细管的有效长度变长，也需对管壁的切应力进行改正，这种改正叫做入口改正。常采用 Bagley 校正：

$$\sigma_{\mathrm{w}}^{改正}=\frac{\Delta p}{2}\left(\frac{L}{R}+e\right)^{-1} \tag{3-33}$$

式中，e 即为 Bagley 校正因子。在恒定切变速率下测定几种不同长径比（$L/2R$）的毛细管的压力降 Δp，然后把 Δp-L/R 曲线外推至 $\Delta p=0$，便可得到 e 值。比较式(3-23）与式(3-33）可得：

$$\sigma_{\mathrm{w}}^{改正}=\frac{1}{(1+Re/L)}\sigma_{\mathrm{w}} \tag{3-34}$$

一般毛细管较短时，入口效应不可忽略，当 L/R 增大（例如对于聚丙烯 $L/2R=4.0$）时，则入口改正可忽略不计。

三、仪器与试样

1. 仪器

MLW-400 型毛细管流变仪，口模（5∶1，10∶1，20∶1，40∶1）。

2. 试样

聚丙烯，涤纶（均为粒料）。

四、实验步骤

（1）接通电源线，连好数据线，打开空气开关，通电，开启电源。

（2）打开电脑，进入软件，进行实验设置。

（3）实验信息设置。在信息输入区输入一些实验信息，包括操作者、实验材料、试验代码、试验日期、试验单位、送试单位等。

（4）实验条件设置。有五种试验方式可以选择。选择“恒剪切速率试验”方式，是指在固定的温度和固定的速率情况下，测定材料的流动特性。选择长径比（20∶1）；温度设置190℃，设置的温度是整个实验的目标温度，亦即起始温度。压力保护 30MPa。设置加载速度为 10mm/min，如图 3-11 所示。

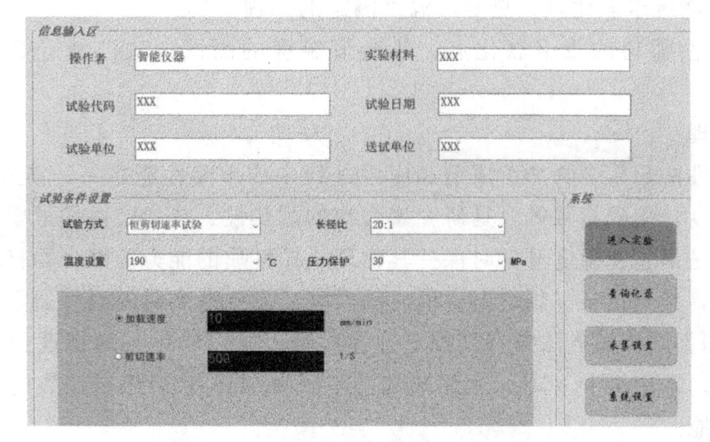

图 3-11　毛细管流变仪实验设置界面

(5) 参数设定好之后进入实验，点击电机启动，采集数据。温度按照设定的温度进行升温。

(6) 安装好料杆，点击电机上行，把料杆升高，同时把料杆转移到料筒上面。安装好口模。

(7) 实验温度达到实验值时，开始实验。把试料倒进炉膛，设备清零。点击电机下行，使料杆头压在试料上，当加载压力有数值时，表明料杆头已压在试料上，实验界面如图 3-12 所示。恒温后，点击“试验开始”按钮，设备自动开始试验。当试料从毛细管中流出完后，点击“试验停止”按钮，结束实验。

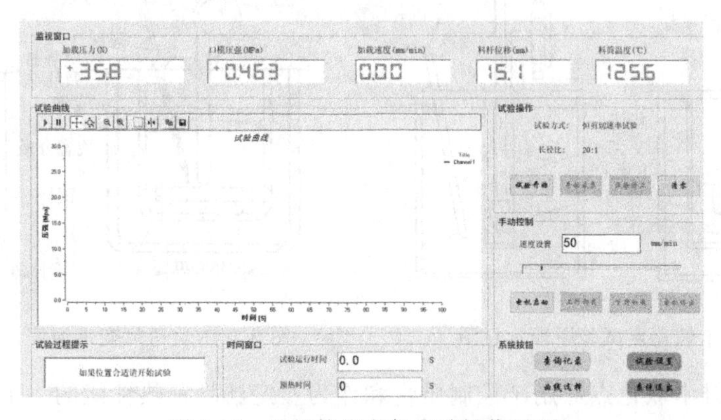

图 3-12　毛细管流变仪实验操作界面

(8) 实验结束后，停止加热。趁热卸下毛细管，并用绸布擦净毛细管及料筒。

五、数据处理

点击查询记录，可以获得实验结果以及表观黏度和黏流活化能，生成报告或者 Excel 表格。

六、问题与讨论

测定表观黏流活化能 ΔE_{η} 有何意义？

实验九　热塑性塑料热性能的测定

一、实验目的

1. 了解聚合物的热性能表征物理量的概念。

2. 理解聚合物维卡软化点、热变形温度测定的原理。

3. 掌握热塑性塑料的维卡软化点、热变形温度的测试方法；测定PP试样的维卡软化点。

二、实验原理

聚合物的热性能是聚合物加工成型和应用过程中的重要性能之一，涉及聚合物的结晶、熔融、热变形温度，熔融指数等，是研究聚合物的耐热性、热稳定性的重要方法。聚合物的耐热性能，通常是指它在温度升高时保持其物理机械性质的能力。聚合物材料的耐热温度是指在一定负荷下，其到达某一规定形变值时的温度。发生形变时的温度通常称为塑料的软化点 T_s。因为使用不同测试方法各有其规定选择参数，所以软化点的物理意义不像玻璃化转变温度那样明确。常用维卡（Vicat）耐热和马丁（Martens）耐热以及热变形温度测试方法测试塑料耐热性能。

维卡软化点是测定热塑性塑料于特定液体传热介质中，在一定的负荷、一定的等速升温条件下，试样被 $1mm^2$ 针头压入1mm时的温度。图3-13为维卡软化点试验原理图。将被测试样装在针头下面，负载杆与其垂直，放入热载体硅油中，装好百分表，然后用选定的升温速率开始升温，用百分表读取针头垂直压入试样的深度，当该深度达到1mm时，读取此时的温度即为维卡软化点温度。

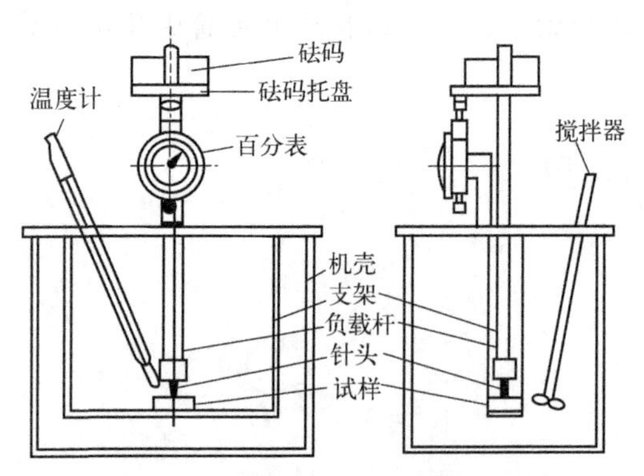

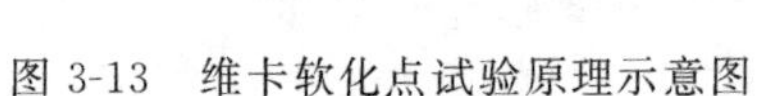
图3-13 维卡软化点试验原理示意图

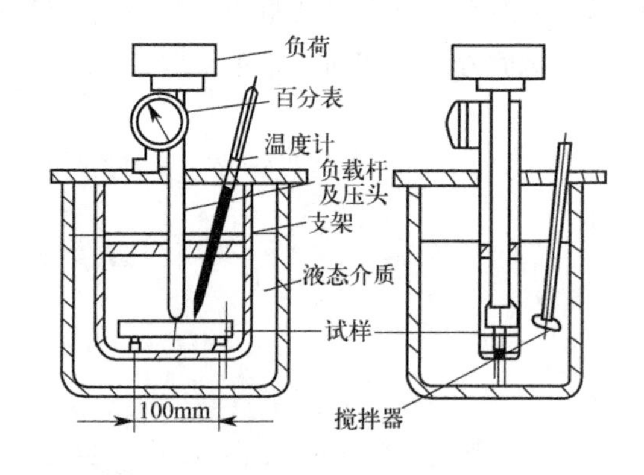

图3-14 负荷热变形温度试验原理示意图

实验测得的维卡软化点适用于控制质量和作为鉴定新品种热性能的一个指标，但不代表材料的使用温度。现行维卡软化点的国家标准为GB/T 1633—2000。

本标准规定了四种测定热塑性塑料维卡软化点温度的试验方法。

A_{50} 法：使用10N的力，加热速率为50℃/h。

B_{50} 法：使用50N的力，加热速率为50℃/h。

A_{120} 法：使用10N的力，加热速率为120℃/h。

B_{120} 法：使用50N的力，加热速率为120℃/h。

本标准规定的四种方法仅适用于热塑性塑料，所测得的是热塑性塑料开始迅速软化的温度。

热变形温度也是衡量聚合物的耐热性的主要指标之一，而所测定的热变形温度，仅仅是该方法规定的载荷大小、施力方式、升温速度下到达规定的变形值的温度，而不是这种材料的使用温度上限。最高使用温度应根据制品的受力情况及使用要求等因素来确定。图3-14为负荷热变形温度实验原理图，把一个具有一定尺寸要求的矩形试样，放在跨距为100mm

的支座上，将其放在一种合适的液体传热介质中，并在两支座的中点处，对其施加特定的静弯曲负荷，形成三点式简支梁式静弯曲，在等速升温条件下，在负载下试样弯曲变形达到规定值时的温度，为热变形温度。

三、仪器与试样

1. 仪器

XWB-300HA 热变形，维卡软化点温度测定仪。

2. 试样

聚丙烯试样。

（1）维卡软化点测定试样的要求

① 试样厚度应为 3～6.5mm，边长为 10mm 的正方形或直径为 10mm 的圆形。

② 模塑试样厚度为 3～4mm。

③ 板材试样厚度取板材原厚，但当厚度超过 6mm 时，应将试样一面加工成 3～4mm。如厚度不足 3mm 时，则可以多层叠合，但最多不超过 3 块，叠合成厚度大于 3mm 时，方能进行测定。

④ 试样的支撑面和侧面应平行，表面平整、光滑，无气泡、锯齿痕迹、凹痕或飞边等缺陷。每组试样为 3 个。

（2）热变形温度测定试样的要求

试样是截面为矩形的长方体。长 L，宽 b，高 h，单位为 mm。

① 模塑试样：长×宽×高＝120mm×10mm×15mm

② 板材试样：长×宽×高＝120mm×(3～13)mm×15mm

③ 特殊情况：长×宽×高＝120mm×(3～13)mm×(9.8～15)mm

试样表面平整、光滑，无气泡、锯齿痕迹、凹痕和飞边等缺陷。

本实验长方体试样尺寸为：$L\times b\times h$＝120mm×10mm×15mm。

四、实验步骤

（1）根据实验类型选择试验压头，热变形为圆角（$R3$）压头，维卡为针形压头。将压头安装在试样架负载杆下端，将顶丝拧紧。

（2）试样的安装：升起试样架，放入试样后，落下负载杆，降下试样架。

（3）打开计算机，双击桌面上的 XWB-300 图标，并按照提示进入本系统的实验管理界面。

（4）点击“参数设置”界面，设置实验所需参数。点击所需的升温速率。其中热变形的升温速率为 120℃/h，维卡软化点的升温速率为 50℃/h。输入目标温度。同时勾选三个试样架。如图 3-15。

（5）加入载荷。将足量砝码加到负荷托盘上，以使加载试样上的总推力达到实验标准要求。

（6）试验架调零：以上信息输入后，即可对试验架调零。

（7）实验开始：以上工作正确完成以后，单击“试验开始”按钮，“试验开始”按钮后面的圆圈变绿。实验正式开始。界面上将会有试验类型（热变形或维卡软化点试验）、各个试验架的温度、位移，以及相应的曲线。

当实验完成或达到上限温度时，系统会发出报警，可选择“试验结束”按钮，结束实验。

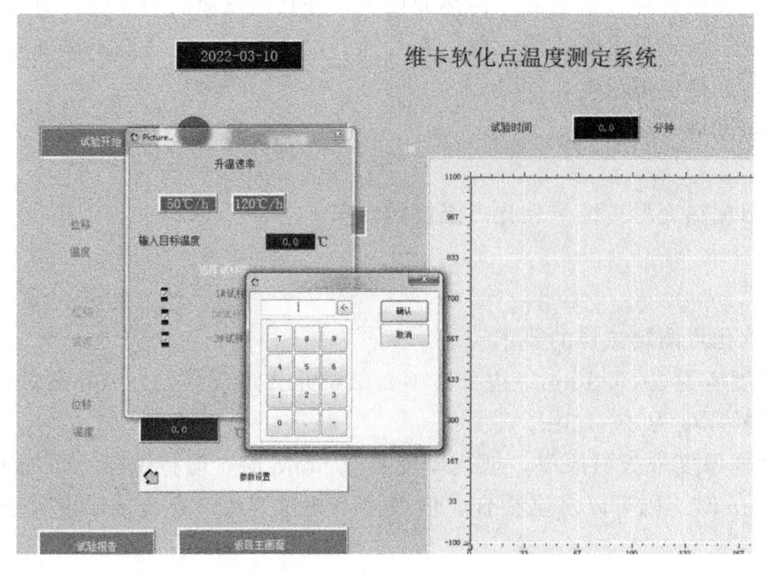

图 3-15　维卡软化点温度测定系统参数设置界面

五、数据处理

实验完成后，选择“试验报告”按钮，即可打印本次实验的温度、变形曲线，以及根据三个试样架获得的平均软化点。

六、问题与讨论

1. 热变形温度和维卡软化点有何区别？
2. 热变形温度和维卡软化点对生产和使用有什么指导意义？
3. 材料的不同热性能测定数据能否直接比较？为什么？

实验十　聚合物熔体流动速率的测定

一、实验目的

1. 了解聚合物熔体流动速率的意义，热塑性塑料在黏流态时黏性流动的规律。
2. 测定一定负荷下聚丙烯的熔体流动速率。
3. 学习掌握 XRN-400GM 型熔体流动速率测定仪的使用方法。

二、实验原理

聚合物的剪切黏度（以下简称聚合物的黏度）是它的重要物理性能指标，与聚合物的加工成型密切相关。在科学研究中，聚合物的黏度可由毛细管流变仪、同轴圆筒黏度计和锥板黏度计精确测定。在不具备上述黏度计时，有时可用小球（如自行车用的小钢珠）在聚合物熔体中的自由落下来测定熔体黏度。但在工业上，常用熔融指数或熔体流动速率来表征聚合物熔体的黏度。

熔体流动速率，原称熔融指数，是指在一定温度和负荷下，聚合物熔体每 10min 通过标准口模的质量，通常用英文缩写 MFR（melt flow rate）表示，是衡量聚合物流动性能的一个重要指标，其单位为 g/10min。对于同一种聚合物，在相同的条件下，单位时间内流出量越大，熔体流动速率就越大，说明其平均分子量越低，流动性越好。但对于不同聚合物，由于测定时所规定的条件不同，不能简单用熔体流动速率的大小来比较它们的流动性。

不同的用途和不同的加工方法，对聚合物的熔体流动速率有不同的要求。一般情况下，注射成型用的聚合物熔体流动速率较高；挤出成型用的聚合物熔体流动速率较低；吹塑成型介于两者之间。熔体流动速率是在给定的切应力下测得的。而在实际加工过程中，聚合物熔体处在一定的剪切速率范围内，因此在生产中经常出现熔体流动速率值相同而牌号不同的同一种聚合物表现出不同的流动行为，而熔体流动速率值不同却有相似的加工性能的现象。

因此，在实际加工工艺过程中，还要研究熔体黏度与温度切应力的关系，对某一热塑性聚合物来讲，只有将熔融指数与加工条件、产品性能从经验上联系起来之后，才具有较大的实际意义。此外，由于结构不同的聚合物测定熔融指数时选择的温度、压力均不相同，黏度与分子量之间的关系也不一样。因此，熔融指数只能表示同一结构聚合物在分子量或流动性能方面的区别，而不能在结构不同的聚合物之间进行比较。

熔体流动速率的测量是在熔体流动速率测定仪上进行的，其结构如图 3-16 所示。熔体流动速率测定仪装置相对简单，使用方便，价格也比较低，在聚合物工业中应用很普遍。由于其测试方法简易，国内生产的热塑性树脂常附有熔体流动速率的指标。

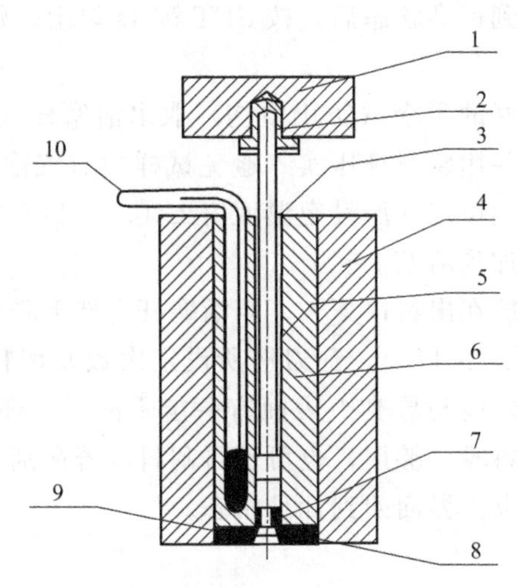

图 3-16　熔体流动速率仪结构示意图

1—可卸负荷；2，4—绝热体；3—上参照标线；5—下参照标线；6—钢筒；7—口模；8—绝热板；9—口模挡板；10—控制温度计

三、仪器与试样

1. 仪器

XNR-400GM 熔体流动速率测定仪，电子天平（万分之一）。

注：熔体流动速率测定仪主要参数见下表。

口模直径/mm	2.095±0.005
口模长度/mm	8.000±0.025
料筒直径/mm	9.550±0.025
料筒长度/mm	152±0.1
砝码负荷/kg	0.325;1.2;2.16;3.8;5;10;12.5;21.6

2. 试样

聚丙烯粒料。

四、实验步骤

(1) 装入口模。用口模清理棒穿入口模孔中，从料筒的上端装入口模，并用装料杆将其压到与口模挡板接触为止。

(2) 将活塞杆从仪器料筒的上端口放入料筒中，导套插入料筒外端定位。

(3) 插上电源插头，打开主机后面的电源开关。此时的界面为标准状态。

(4) 实验温度的设定：按 SET 键，通过按动移位、增加、减小键，设定实验温度为 190℃。

(5) 其他参数的设定：按 SET 键，仪表出现字母“L”界面，通过按动上下键将下排的值修改成“8”。然后长按 SET 键（约 4s），仪表进入刮料次数的设定界面。通过按动上下键将下排的数值设定为实验时需要的刮料次数 5 次。刮料次数设定完成后，单击 SET 键，进入刮料时间设定界面。通过按移位键、数值增加键、数值减小键，设定好实验所需的切料时间间隔为 20s。继续单击 SET 键，进入实验样条平均质量设定，此值可等实验结束后再输入。再次单击 SET 键，进入实验负荷的输入界面，通过按移位键、数值减小键、数值增加键设定好实验所用的负荷 2.16kg。继续按 SET 键后，回到标准状态。

(6) 开始实验：界面回到标准状态后，按 SET 键 4s 以上，炉体开始升温。当温度稳定到设定值后，恒温 15min。

温度恒定后，戴上准备好的手套（防止烫伤）取出活塞杆（1 级砝码），将事先准备好的试样用装料斗装入料筒中并用装料杆压实（避免试样中有气泡产生），将活塞杆重新放入料筒中，再次恒温以后［温度恒定在所设定温度值±(0.5～1)℃内即可，时间约 3～5min］，把标准规定的实验负荷砝码加到活塞上。

试样的切取。将取样盘放在出料口下方，当活塞杆自然下降到活塞杆的下环线与导套的上表面相平时，按数值减少键 2s 以上，刮刀按所设定次数及切料时间间隔自动刮料。当切段次数完成后，活塞杆的上环线与导套上表面有一定距离时，还可以重复按数值减少键 2s 以上，再次自动刮料。如果料段已够用，也可不再刮料。若在刮料过程中需要停止，按数值减少键 2 秒以上自动刮料结束。界面回到标准状态。

五、数据处理

选取 3～5 个无气泡样条，冷却后，置于天平上，称取质量，计算出切段样条的平均质量值。再重复步骤（5）中的其他参数设定，输入实验样条平均质量。切段的时间间隔设定完成后，单击 SET 键，进入实验料平均质量输入界面，通过按移位键、数值增加键，把切段平均质量值输入界面中。然后按 SET 键，仪表界面返回到标准状态，按仪器上打印键，打印机自动打印实验结果。

六、注意事项

1. 实验后，应进行清理工作，步骤如下：

(1) 把料筒内的料全部挤出后，戴上准备好的手套（防止烫伤）取下砝码和活塞杆，用绷带或干净的软布把活塞杆擦拭干净。

(2) 把连接口模挡板的推拉杆向外拉出，用装料杆顶出口模，用口模清理棒清除口模孔里的实验材料，再用绷带条在小孔内往复擦拭，直到干净为止。同时把口模表面、装料杆擦拭干净。

(3) 用绷带或干净的软布，绕在料筒清理杆上，借助料筒内余温将料筒擦拭干净。

(4) 关闭仪器电源，拔下电源插头。

2. 电源插座应可靠接地。

3. 异常现象发生，如不能控温，不能显示等，应关机，进行检修。

4. 清洗活塞杆时，不能用硬物剐蹭。

七、问题与讨论

1. 聚合物的分子量与其熔体流动速率有什么关系？为什么熔体流动速率不能在结构不同的聚合物之间进行比较？

2. 讨论影响熔体流动速率的主要因素。

实验十一 聚合物的热失重分析

一、实验目的

1. 了解热重分析法在高分子领域的应用。

2. 掌握热天平的结构和原理。

3. 掌握热重分析仪的工作原理及其操作方法，学会用热重分析法测定聚合物的热分解温度 T_d。

二、实验原理

热重分析法（thermogravimetric analysis，TGA）是在程序控温下，测量物质的质量与温度关系的一种技术。应用 TGA 可以研究各种气氛下聚合物的热稳定性和热分解作用，测定水分、挥发物和残渣的含量，增塑剂的挥发性，水解和吸湿性，吸附和解吸，气化速率和气化热，升华速率和升华热，氧化降解，缩聚聚合物的固化程度，有填料的聚合物或掺杂物的组成，它还可以研究固相反应。因为聚合物的热谱图具有一定的特征性，它也用于鉴定高聚物。

现代热重分析仪一般由 4 部分组成，分别是电子天平、加热炉、程序控温系统和数据处理系统（微计算机）。TGA 原始记录得到的谱图是以试样的质量 W 对温度 T（或时间）的曲线（记作 TGA 曲线），即 W-T（或 t）曲线，如图 3-17 所示。

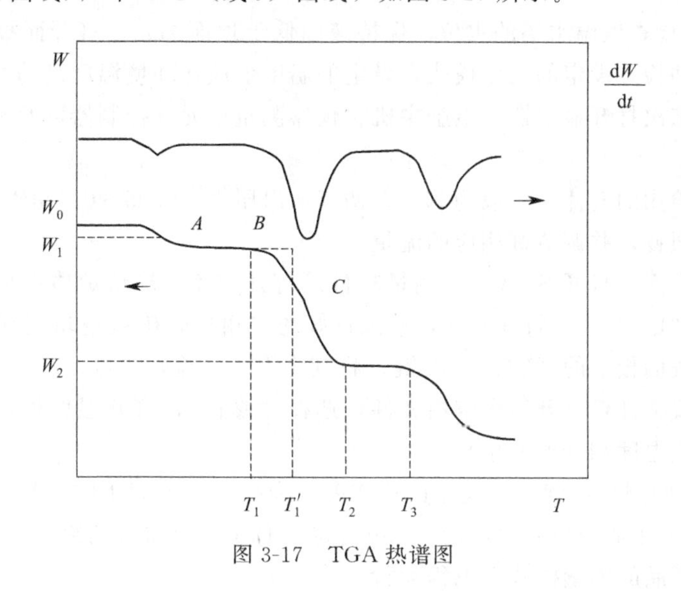

图 3-17 TGA 热谱图

为了更好地分析热重数据，有时希望得到热失重速率曲线，此时可通过仪器的质量微商处理系统得到微商热重曲线，称为 DTG 曲线。DTG 曲线是 TGA 曲线对温度或时间的一阶导数。TGA 和 DTG 曲线比较，DTG 曲线在分析时有更重要的作用，它不仅能精确反映出样品的起始反应温度，达到最大反应速率的温度（峰值）以及反应终止的温度，而 TGA 曲线很难做到；而且 DTG 曲线的峰面积与样品对应的质量变化成正比，可精确地进行定量分析；又能够消除 TGA 曲线存在整个变化过程各阶段变化互相衔接而不易分开的问题，以 DTG 峰的最大值为界把热失重阶段分成两部分，区分各个反应阶段，这是 DTG 的最大可取之处。

在图 3-17 中，开始阶段试样有少量的质量损失（W_0-W_1），这是聚合物中溶剂的解吸所致。如果发生在 100℃附近，则可能是失水所致。试样大量地分解是从 T_1 开始的，质量百分数的减少是 W_0-W_1，在 T_2 到 T_3 阶段存在其他的稳定相。然后再进一步分解。图中 T_1 称为分解温度，有时取 C 点的切线与 AB 延长线相交处的温度 T_1 作为分解温度，后者数值偏高。

TGA 曲线形状与试样分解反应的动力学有关，例如反应级数 n，活化能 E，Arrhenius 公式中的速度常数 K 和频率因子 A 等动力学参数都可以从 TGA 曲线中求得，而这些参数在说明聚合物的降解机理、评价聚合物的热稳定性上都是很有用的。

TGA 在高分子科学中有着广泛的应用。例如，聚合物热稳定性的评定，共聚物和共混物的分析，材料中添加剂和挥发物的分析，水分（含湿量）的测定，材料氧化诱导期的测定，固化过程分析以及使用寿命的预测等。

三、仪器与试样

1. 仪器

德国 NETZSCH STA449C 型热重分析仪［仪器的称量范围 500mg，精度 1μg，温度范围 20～1650℃，加热速率 0.1～80K/min，样品气氛可为真空 10Pa 或惰性气体和反应气体（无毒、非易燃）］。

2. 试样

聚乙烯粒料。

四、实验步骤

（1）提前 1h 检查恒温水浴的水位，保持液面低于顶面 2cm。打开面板上的上下两个电源，启动运行，并检查设定的工作模式，设定的温度值应比环境温度高约 3℃。

（2）按顺序依次打开显示器、电脑主机、仪器测量单元、控制器以及测量单元上电子天平的电源开关。

（3）确定实验用的气体（一般为 N_2），调节输出压力（0.05～0.1MPa），在测量单元上手动测试气路的通畅，并调节好相应的流量。

（4）从电脑桌面上打开 STA 449 测量软件。打开炉盖，确认炉体中央的支架不会碰壁时，按面板上的“UP”键，将其升起，放入选好的空坩埚，确认空坩埚在炉体中央支架上的中心位置后，按面板上的“DOWN”键，将其降下，并盖好炉盖。

（5）新建基线文件：打开一个空白文件，选择“修正”，打开温度校正文件，编程（输入起始温度、终止温度和升温速率），运行。

（6）TG 曲线的测量：待上一程序正常结束并冷却至 80℃以下时，打开炉子，取出坩埚（同样要注意支架的中心位置）。放入约 5mg 样品，称重（仪器自动给出）。然后打开基线文件，选择基线加样品的测量模式，编程运行。

（7）数据处理：程序正常结束后会自动存储，可打开分析软件包对结果进行数据处理，处理后可保存为另一种类型的文件。

(8) 待温度降至80℃以下时，打开炉盖，拿出坩埚。

(9) 按顺序依次关闭软件和退出操作系统，关闭电脑主机和测量单元电源。

(10) 关闭恒温水浴面板上的运行开关和上下电源开关，最后及时清理坩埚和实验室台面。

五、数据处理

打印 TGA 谱图，求出试样的分解温度 T_d。

六、问题与讨论

1. TGA 实验结果的影响因素有哪些？

2. 讨论 TGA 在高分子领域的主要应用有哪些？

实验十二　聚合物材料哑铃状试样的制备

一、实验目的

1. 了解万能制样机基本结构及功能。

2. 利用制样机制备哑铃状试样。

二、实验原理

在做聚合物力学性能测试的时候，需要符合国家标准的试样。通过万能制样机可以制备符合国标的拉伸、弯曲、冲击等实验的试样。片材的拉伸试样符合国家标准。其中，Ⅰ、Ⅱ、Ⅲ型为哑铃状。尺寸和形状如图 3-18、图 3-19、图 3-20 所示。

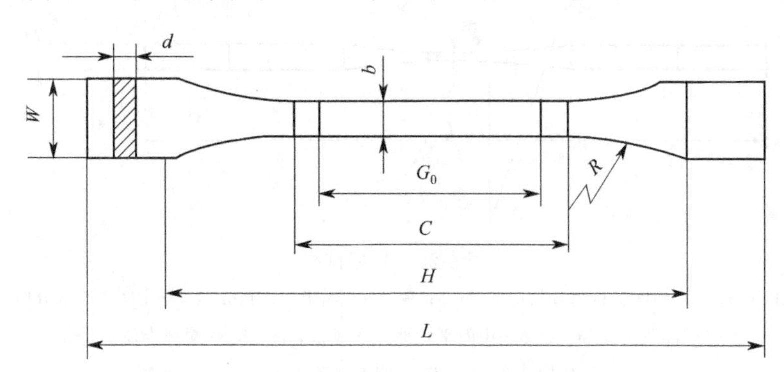

图 3-18　Ⅰ型试样

L—总长（最小）150mm；H—夹具间距离（115±5.0）mm；C—中间平行部分长度（60±0.5）mm；G_0—标距（50±0.5）mm；W—端部宽度（20±0.2）mm；d—厚度；R—半径（最小）60mm；b—中间平行部分宽度（10±0.2）mm

万能制样机主要由切割、铣削哑铃形及平面、铣缺口三部分组成，主要用于塑料、有机玻璃、玻璃钢及碳纤维等非金属材料的冲击用缺口样条，拉伸试验用哑铃状样条，维卡、热变形、压缩、弯曲试验用矩形等各种试验标准样条的制备。

三、仪器与试样

1. 仪器

WZY-240 万能制样机。

2. 试样

聚氯乙烯试样。

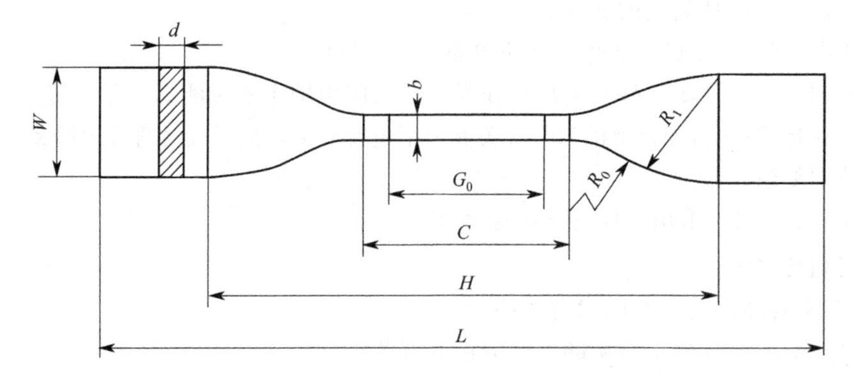

图 3-19　Ⅱ型试样

L—总长（最小）115mm；H—夹具间距离（80±5.0）mm；C—中间平行部分长度（33±0.5）mm；G_0—标距（25±1.0）mm；W—端部宽度（25±1.0）mm；d—厚度 2mm；b—中间平行部分宽度（6±0.4）mm；R_0—小半径（14±1.0）mm；R_1 大半径（25±2.0）mm

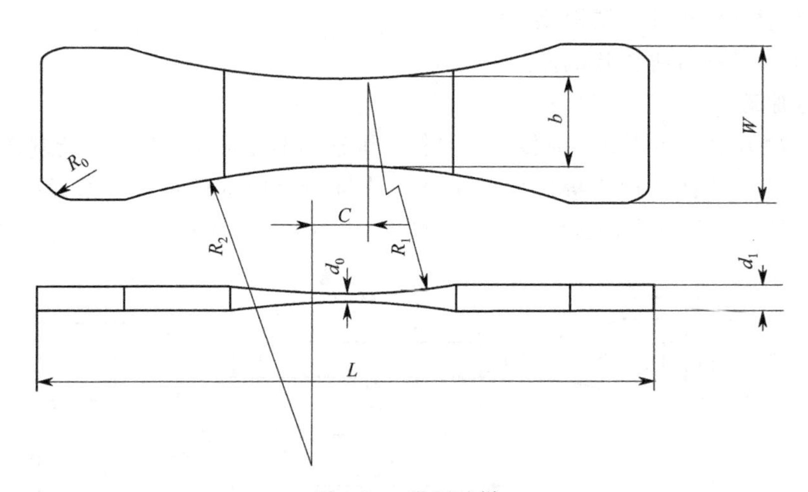

图 3-20　Ⅲ型试样

L—总长 110mm；C—中间平行部分长度 9.5mm；W—端部宽度 4.5mm；d_0—中间平行部分厚度 3.2mm；d_1—端部厚度 6.5mm；b—中间平行部分宽度 25mm；R_0—端部半径 6.5mm；R_1—表面半径 75mm；R_2—侧面半径 75mm；公差±5%

四、实验步骤

1. 启动仪器

接通电源（380V），把随机所带的电源线接到机器后面的航空电源座插头上，接通电源，把电源开关打开，然后按下“铣削启动”按钮，当铣削铣刀按顺时针转动时，说明电源线连接正确，否则调换电源线两火线的接头。

2. 切割部分的操作

操作者握住手柄把切割工作台向操作者方向拉出，松开挡块手母，按需要加工试样的尺寸移动试样挡块。试样挡块端头有一刻线，刻线对准刻度尺上试样所需尺寸位置，锁紧挡块手母。然后将被切割板材靠实刻度尺与试样挡块，刻度尺每格 1mm，使板材在刀具左侧 10～15mm，拧紧两个压紧手母，试样安装完毕。按下切割按钮，双手握住手柄匀速平稳地向前推动工作台，从而完成切割工作。

如果板材尺寸偏大，可将工作台抬起移开，使用铣刀直接将板材加工到工作台可以放得下的尺寸，然后将工作台移回。(注意方向及导向导轨进入导向槽内。)

3. 铣削哑铃形及平面的操作

首先松开试样紧固手轮，用随机附带的内六角扳手松开调整块，把哑铃形模板放在夹具体中，与后面调整块靠实，旋紧螺钉使调整块固定，放入试样使之靠紧夹具体和限位销，旋紧试样紧固手轮夹紧试样。(注意被加工试样材料靠紧夹具体和限位销。)

用随机附带的活扳手，分别调整固定螺杆和进给螺杆，使模板和主轴上的轴承接触，并有一定的压紧力。

按下“返回启动”按钮，使夹具体退回到左端，按下“铣削启动”按钮和“进给启动”按钮，铣削开始。根据试样的硬度调节进给调速按钮，(进给启动前应将调速按钮调到最小)铣削开始。夹具到达靠模板右端后，按动“进给停止”按钮、“铣削停止”按钮，使铣削、进给停止。(如果铣削面表面粗糙度不够，可按“返回启动”按钮，进行二次铣削，以保证有足够的表面粗糙度。)

松开试样紧固手轮，取下被加工试样，按下“返回启动”按钮，使夹具体退回到左端。把被加工的试样翻过来（注意和上次铣削时定位销的方向一致，否则铣出的试样可能出现错位现象)。重复以上步骤，试样加工完成。

五、数据处理

通过对样条两面的切屑，我们可得到 150.0mm×20.0mm×4.0mm（哑铃状中部宽 10.0mm）的白色塑料制品，质稍软，正反两面比较有光泽，并有一定的韧性。

两边弧度切削部分毛边明显，且略有不对称，制品边缘的毛刺可用磨边工具修去，使制品边缘光滑。

六、问题与讨论

制备标准试样的意义是什么？

实验十三　聚合物应力-应变曲线的测定

一、实验目的

1. 掌握聚合物在室温下应力-应变曲线的特点，并学会测试方法。
2. 测定不同拉伸速度下 PE 板的应力-应变曲线。
3. 了解电子拉力试验机的使用。

二、实验原理

聚合物材料在拉力作用下的应力-应变测试是一种广泛使用的最基础的力学试验。聚合物的应力-应变曲线提供力学行为的许多重要线索及表征参数（杨氏模量、屈服应力、屈服伸长率、破坏应力、极限伸长率、断裂能等）以评价材料抵抗载荷，抵抗变形和吸收能量的性质优劣；在宽广的试验温度和试验速度范围内测得的应力-应变曲线有助于判断聚合物材料的强弱、软硬、韧脆和粗略估算聚合物所处的状况与拉伸取向、结晶过程，并为设计和应用人员选用最佳材料提供科学依据。

塑料试样抗张强度通常以试样受拉伸应力直至发生断裂时所承受的最大应力来测量。影响抗张强度的因素除材料的结构和试样的形状外，测定时所用的温度、湿度和拉力速度也是十分重要的因素。为了比较各种材料的强度，一般拉伸实验是在规定的实验温度、湿度和拉伸速度下，对标准试样两端沿其纵轴方向施加均匀的速度拉伸，并使其破坏，测出每一瞬间施加拉伸载荷的大小与对应的试样标线的伸长，即可得到每一瞬间拉伸负荷与伸长值（形变值），并绘制负荷-形变曲线。如图 3-21 所示。

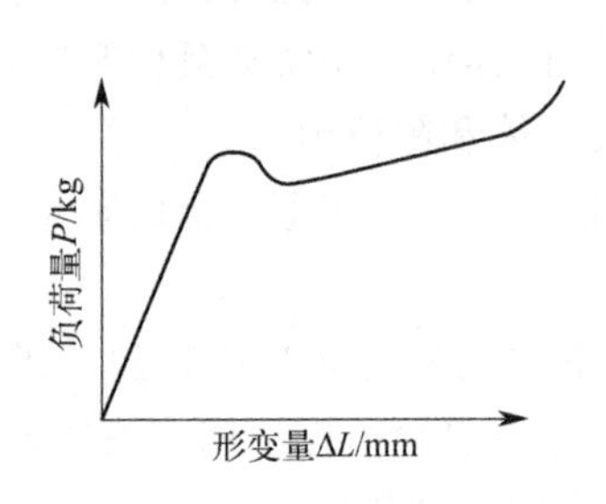

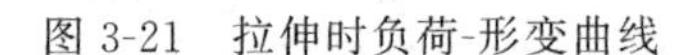

图 3-21 拉伸时负荷-形变曲线

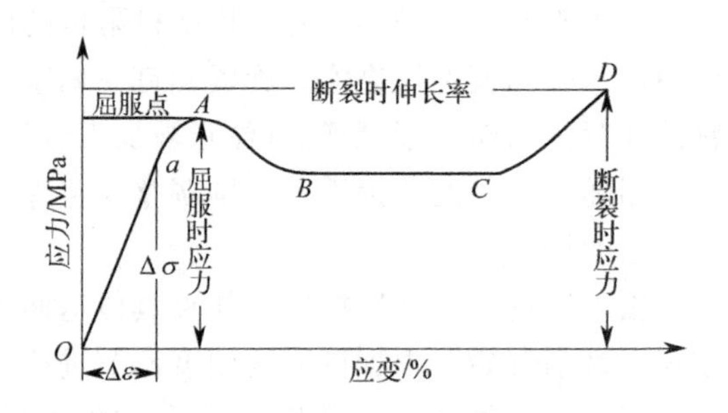

图 3-22 无定形聚合物的应力-应变曲线

试样上所受负荷量的大小是由电子拉力机的传感器测得的。试样形变量是由夹在试样标线上的引伸计测得的。负荷和形变量均以电信号输送到记录仪内自动绘制出负荷-应变曲线。有了负荷-形变曲线后，将坐标变换，即所得到应力-应变曲线。如图 3-22 所示，为一典型的无定形聚合物的应力-应变曲线。

应力-应变实验通常是在张力下进行的，即将试样等速拉伸，并同时测定试样所受的应力和形变值，直至试样断裂。

应力是试样单位面积上所受到的力，用 σ 表示，可按下式计算：

$$\sigma=\frac{P}{bd} \tag{3-35}$$

式中，P 为最大载荷、断裂负荷、屈服负荷，kg；b 为试样宽度，m；d 为试样厚度，m。

应变是试样受力后发生的相对变形，用 ε 表示，可按下式计算：

$$\varepsilon=\frac{I-I_0}{I_0}\times 100\% \tag{3-36}$$

式中，I_0 为试样原始标线距离，m；I 为试样断裂时标线距离，m。

应力-应变曲线是从曲线的初始直线部分，按下式计算弹性模量 E（MPa，N/m^2）：

$$E=\frac{\sigma}{\varepsilon} \tag{3-37}$$

在等速拉伸时，无定形聚合物的典型应力-应变曲线见图 3-22。a 点为弹性极限，σ_a 为弹性极限强度，ε_a 为弹性极限伸长率。由 O 到 a 点为一直线，应力-应变关系遵循虎克定律公式(3-37)，直线斜率 E 称为弹性模量（杨氏模量）。A 点为屈服点，对应点的应力为屈服极限，定义为在应力-应变曲线上第一次出现增量而应力不增加时的应力，对应的应力和应变称为屈服应力（或称屈服强度）和屈服应变（或称屈服伸长率）。在 A 点以后再去掉外力，试样便不能恢复原状，就产生了塑性变形。一般认为对常温下处于玻璃态的塑料的不可逆变形包括了分子链相互的滑移和分子链段的取向结晶。

D 点为断裂点，D 点的应力为断裂应力（或称极限强度）。它随材料结构不同，在拉伸过程中或有取向结晶形成，它可能高于屈服点，也可能低于屈服点。因此计算材料的抗张强度时应该是应力-应变曲线上最大的应力点。

三、仪器与试样

1. 仪器

GMT微机控制电子万能试验机。

2. 试样

聚氯乙烯试样。

类型为Ⅱ型试样。试样制备和外观检查，按GB/T 1040.1—2008规定进行。试样厚度除表中规定外，板材厚度$d \leqslant 10mm$时，可用原厚为试样厚度；当厚度$d > 10mm$时，应从两面等量机械加工至10mm，或按产品标准规定加工。试样不少于5个，对各向异性的板材应分别从平行与主轴和垂直与主轴的方向各取一组试样。

四、实验步骤

(1) 按以下顺序开机：试验机、打印机、计算机。每次开机后，最好要预热10min，待系统稳定后，再进行试验工作。

(2) 双击电脑桌面图标PowerTest图标，进入试验。选择好联机的用户名和密码，选择对应的传感器，后击“联机”按钮。

(3) 准备好楔形拉伸夹具。若夹具已安装到试验机上，则对夹具进行检查，并根据试样的长度及夹具的间距设置好限位装置。

(4) 点击“新试验”，选择相应的塑料拉伸试验方案，输入试样的原始用户参数，如尺寸等。

(5) 分别将上、下夹具装到试验机的上、下接头上，插上插销，旋紧锁紧螺母。先搬动上夹具的上搬把，使钳口张开适当的宽度，大于所装试样的厚度即可；将试样一端放入上夹具钳口之间，并使试样位于钳口的中央，松开上搬把，将试样上端夹紧。在夹好试样一端后，点击力窗口的“清零”按钮，使力值清零。再夹另一端。

(6) 将大变形的上下夹头夹在试样的中部，并保证上下夹头之间的顶杆接触，以保证试样原始标距的正确。本实验顶杆的间距设置为50mm。

(7) 点击向右箭头按钮，开始自动试验。试验自动结束后，软件显示试验结果，包括试样的拉伸断裂强度、断裂伸长率和弹性模量等结果参数。

(8) 重复上述 (5)、(6) 步骤做完5个试样后，实验完成。

(9) 关闭试验窗口及软件。关机顺序：试验软件、试验机、打印机、计算机。

五、数据处理

实验完成后，点击“生成报告”，打印试验报告。获得拉伸断裂强度、断裂伸长率和弹性模量等结果参数。

六、问题与讨论

1. 拉伸速度对试验结果有何影响？
2. 结晶与非晶聚合物的应力-应变曲线有何不同？

实验十四　热机械分析法测定聚合物的温度-形变曲线

一、实验目的

1. 掌握测定聚合物温度-形变曲线的方法，了解线型非晶聚合物的三种力学状态。
2. 测定聚甲基丙烯酸甲酯的玻璃化转变温度T_g和黏流温度T_f。

二、实验原理

聚合物具有的复杂结构形态导致了分子运动单元的多重性，即使结构已经确定而所处状态不同，其分子运动方式也不同，将显示出不同的物理和力学性能。考察聚合物分子运动时所表现的状态性质，才能建立起聚合物结构与性能之间的关系。聚合物的热机械分析（thermo-mechanical analysis，简称 TMA）是研究聚合物力学性质对温度依赖关系的重要方法之一。热机械分析法是以一定的加热速率加热试样，使试样在恒定的较小负荷下随温度升高发生形变，测量试样温度-形变曲线，即热机械曲线的方法。聚合物的许多结构因素如化学结构、分子量、结晶性、交联、增塑、老化等都会在 TMA 曲线上有明显反映。在这种曲线的转变区域可以求出非晶态聚合物的玻璃化转变温度 T_g 和黏流温度 T_f，以及结晶聚合物的熔融温度 T_m，这些数据反映了材料的热机械特性，对确定使用温度范围和加工条件有实际意义。

线型非晶聚合物有三种不同的力学状态：玻璃态、高弹态、黏流态。温度足够低时，高分子链和链段的运动被“冻结”，外力的作用只能引起高分子键长和键角的变化。因此，聚合物的弹性模量大，应力-应变关系服从虎克定律，其机械性能与玻璃相似，表现出硬而脆的物理机械性质，这时聚合物处于玻璃态。在玻璃态温度区间内，聚合物的力学性质变化不大，因而在温度-形变曲线上玻璃区是接近横坐标的斜率很小的一段直线（见图 3-23）。

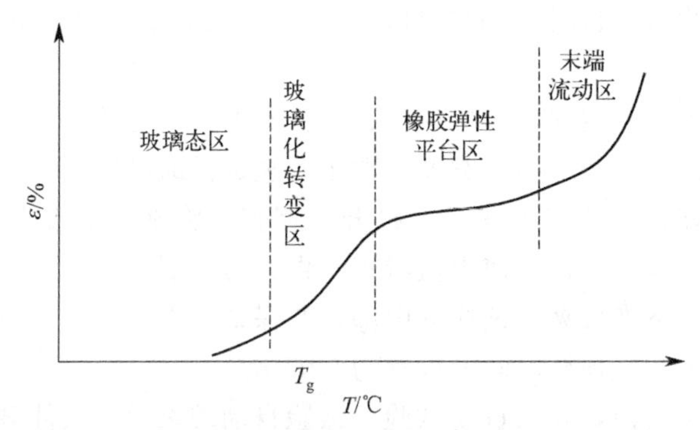

图 3-23　线型非晶聚合物的温度-形变曲线

随着温度的上升，分子热运动能量逐渐增加，到达玻璃化转变温度 T_g 后，分子运动能量已经能够克服链段运动所需克服的位垒，链段首先开始运动，这时聚合物的弹性模量骤降，形变量大增，表现为柔软而富有弹性的高弹体，聚合物进入高弹态，温度-形变曲线急剧向上弯曲，随后基本维持在一“平台”上。温度进一步升高至黏流温度 T_f，整个高分子链能够在外力 F 作用下发生滑移，聚合物进入黏流态，成为可以流动的黏液，产生不可逆的永久形变，在温度-形变曲线上表现为形变急剧增加，曲线向上弯曲。

并不是所有非晶聚合物都具有三种力学状态，如聚丙烯腈的分解温度低于黏流温度而不存在黏流态。此外结晶、交联、添加增塑剂都会使得 T_g、T_f 发生相应的变化。非晶聚合物的分子量增加会导致分子链相互滑移困难，松弛时间增长，高弹态平台变宽和黏流温度增高。

图 3-24 是不同类型聚合物的典型的温度-形变曲线。在结晶聚合物的晶区，高分子受晶格的束缚，链段和分子链都不能运动，当结晶度足够高时试样的弹性模量很大，在一定外力作用下，形变量小，其温度-形变曲线在结晶熔融之前是斜率很小的一段直线。温度升高到结晶熔融时，晶格瓦解，分子链突然活动起来，聚合物直接进入黏流态，形变

急剧增大，曲线突然转折向上弯曲，过程如图 3-24 中曲线所示。

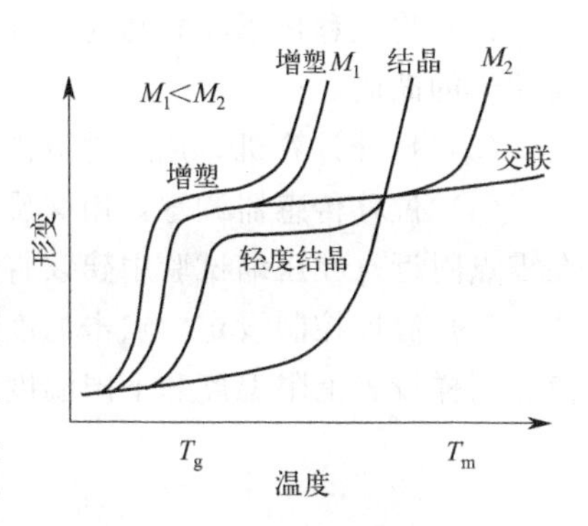

图 3-24　不同类型聚合物温度-形变曲线

交联聚合物的分子链由于交联不能够相互滑移，不存在黏流态。轻度交联的聚合物由于网络间的链段仍可以运动，因此存在高弹态、玻璃态。高度交联的热固性塑料则只存在玻璃态一种力学状态。增塑剂的加入，使聚合物分子间的作用力减小，分子间运动空间增大，从而使得样品的 T_g 和 T_f 都下降。由于力学状态的改变是一个松弛过程，因此 T_g、T_f 往往随测定的方法和条件而改变。例如测定同一种试样的温度-形变曲线时，所用荷重的大小和升温速度快慢不同，测得的 T_g 和 T_f 不一样。随着荷重增加，T_g 和 T_f 将降低；随着升温速率增大，T_g 和 T_f 都向高温方向移动。为了比较多次测量所得的结果，必须采用相同的测试条件。

当线型非晶态聚合物在等速升温条件下，受到恒定外力作用时，在不同的温度范围内表现出不同的力学行为，这是高分子链在运动单元上的宏观体现。处于不同行为的聚合物，因为提供的形变单元不同，其形变行为也不同。对于同一种聚合物，由于分子量不同，它们的温度-形变曲线也是不同的。随着聚合物分子量的增加，曲线向高温方向移动。如图 3-24 中，$M_1 < M_2$。温度-形变曲线的测定也受到各种操作因素的影响，主要是升温速率、载荷大小以及样品尺寸。一般来说，升温速率增大，T_g 向高温方向移动。这是因为力学状态的转变不是热力学的相变过程，而且升温速率的变化是运动松弛所决定的。而增加载荷有利于运动过程的进行，因此 T_g 就会降低。温度-形变曲线的形态及各区域的大小与聚合物的结构及实验条件有密切关系，测定聚合物温度-形变曲线对估计聚合物使用温度的范围，制定成型工艺条件，估计分子量的大小，配合聚合物结构研究有很重要的意义。

热机械分析测试所用的仪器为热机械分析仪，主要由机架、压头、加荷装置、加热装置、制冷装置、形变测量装置、记录装置、温度程序控制装置等组成，结构如图 3-25 所示。所用试样表面应平整，受检的两端面应平行，并与轴线相垂直。圆柱形试样 $\phi \times L$，mm：(4.5±0.5)×(6.0±1.0)；正方柱形试样 $a \times b \times L$，mm：(4.5±0.5)×(4.5±0.5)×(6.0±1.0)。试验加热速率为 (1.2±0.5)℃/min；试样承受压力为 (0.4±0.2) MPa。如果试样易受氧化，可用氮气保护。

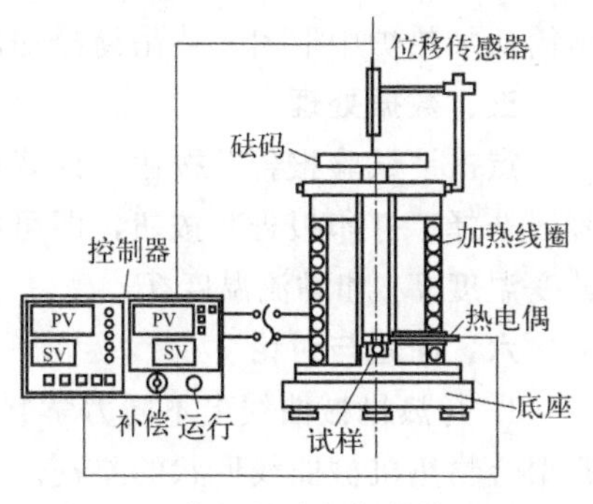

图 3-25　热机械分析仪结构示意图

三、仪器与试样

1. 仪器

XWJ-500B 热机械分析仪。

2. 试样

有机玻璃试样。

四、实验步骤

(1) 从主机架上放下吊筒，将压缩试验支架放入吊筒内，并依次放入试片、压头。将压杆和测温探头对正插入试验支架，摇动升降手柄将吊筒放入加热炉中。

（2）将位移传感器托片对准传感器压头，使传感器压头随测量压杆移动，在压杆上放所需质量的砝码。

（3）打开计算机，用左键双击 XWJ-500B 图标，进入系统“管理界面”。

（4）位移传感器调零：用螺旋测微仪调整试验支架上的位移传感器压头位置，使其位移在零点附近（在压缩试验中建议将位移传感器的位移调至负值）。

（5）温度控制设定。点击温度速率按钮，弹出温度变化速率对话框，输入温度速率的数值。同样设置上限温度和下限温度，如图 3-26 所示。

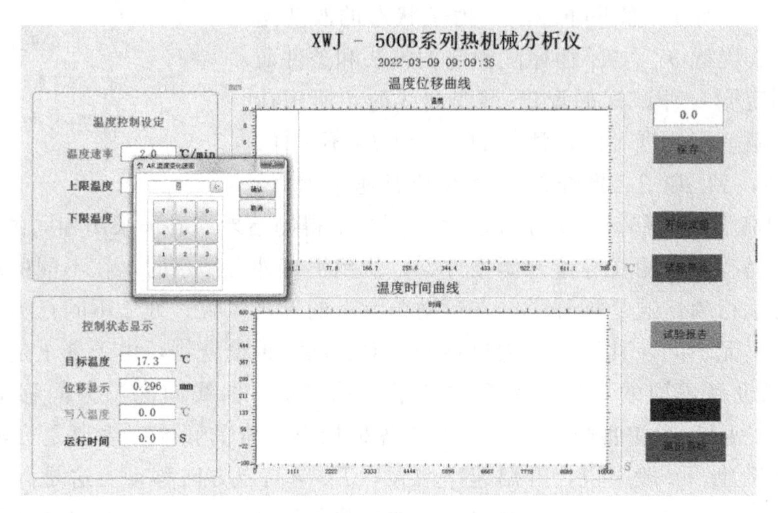

图 3-26　温度-形变曲线测定参数设置界面

（6）完成上述设定工作后，单击“开始试验”按钮，仪器即开始工作。此时计算机显示两个界面：其一是温度-位移曲线的实时界面，其二是温度-时间曲线的实时界面。

（7）温度达到上限温度后，点击“试验停止”，完成试验。关闭仪器，使用升降手柄将吊筒从加热炉中取出，待吊筒冷却后，取出试样。

五、数据处理

点击“试验报告”按钮，计算机将弹出打印试验报告报表。根据报告提示输入要求的内容，选择“打印报告”按钮，即可打印出报告和温度-形变曲线。从图中读出材料的玻璃化转变温度 T_g 和黏流温度 T_f。

六、问题与讨论

1. 与热机械曲线上不同力学状态所对应的分子运动机理是什么？解释非晶、结晶、交联聚合物热机械曲线形状的差别。

2. 为什么本实验测定的是聚合物玻璃态、高弹态、黏流态之间的转变，而不是相变？

3. 哪些实验条件会影响 T_g 和 T_f 的数值？它们各产生何种影响？

第四章 高分子成型加工实验

实验一　聚乙烯塑料的挤出成型

一、实验目的

1. 了解塑料挤出成型工艺的基本原理。

2. 了解双螺杆配混料挤出机主机和辅机的使用方法。

3. 了解双螺杆配混料挤出机的使用方法。

4. 掌握挤出成型的基本流程和操作方法。

二、实验原理

挤出成型是热塑性塑料成型加工的重要成型方法之一，热塑性塑料的挤出加工是在挤出机的作用下完成的重要加工过程。在挤出过程中，物料通过料斗进入挤出机的料筒内，挤出机螺杆以固定的转速拖拽料筒内物料向前输送。通常，根据物料在料筒内的变化情况，将整个挤出过程分成三个阶段。

在料筒加料段，在旋转着的螺杆作用下，物料通过料筒内壁和螺杆表面的摩擦作用向前输送和压实。物料在加料段内呈固态向前输送。

物料进入压缩段后由于螺杆螺槽逐渐变浅，靠近机头端滤网、分流板和机头的阻力使物料所受的压力逐渐升高，进一步被压实；同时，在料筒外加热和螺杆、料筒对物料的混合、剪切作用所产生的内摩擦热的作用下，塑料逐渐升温至黏流温度，开始熔融，大约在压缩段处全部物料熔融为黏流态并形成很高的压力。

物料进入均化段后将进一步塑化和均化，最后螺杆将物料定量、定压地挤入机头。机头中口模是成型部件，物料通过它便获得一定截面的几何形状和尺寸，再通过冷却定型、切断等工序即得到成型制品。

挤出机主要部分的结构和作用：

(1) 传动装置。由电动机、减速机构和轴承等组成。具有保证挤出过程中螺杆转速恒定、制品质量的稳定以及保证能够变速的作用。

(2) 加料装置。无论原料是粒料、粉状和片状，加料装置都采用加料斗。加料斗内应有截断料流、标定量料和卸除余料等装置。

(3) 料筒。料筒是挤出机的主要部件之一，塑料的混合、塑化和加压过程都在其中进行。挤压时料筒内的压力可达55MPa，工作温度一般为180～250℃，因此料筒是受压和受热的容器，通常由高强度、坚韧耐磨和耐腐蚀的合金钢制成。料筒外部设有分区加热和冷却的装置，而且各自附有热电偶和自动仪表等。

(4) 螺杆。螺杆是挤出机的关键部件。通过螺杆的转动，料筒内的物料才能发生移动，得到增压和部分热量。螺杆的几何参数，如直径、长径比、各段长度比例以及螺槽深度等对螺杆的工作特性均有重要影响。

(5) 口模和机头。机头是口模和料筒之间的过渡部分，其长度和形状根据所用塑料的种类、制品的形状、加热方式及挤出机的大小和类型而定。机头和口模结构的好坏，对制品的产量和质量影响很大，其尺寸根据流变学和实践经验确定。

挤出机结构示意图和实物图如图 4-1、图 4-2 所示。

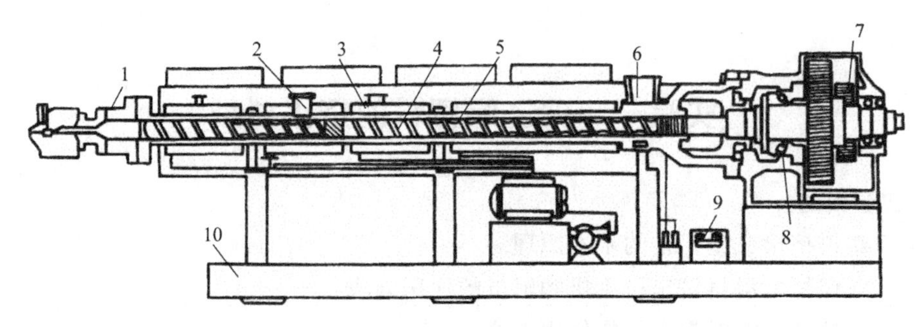

图 4-1　双螺杆挤出机结构示意图

1—机头；2—排气口；3—加热冷却系统；4—螺杆；5—机筒；6—加料口；7—减速箱；8—止推轴承；9—润滑系统；10—机架

图 4-2　挤出机实物图

三、仪器与试样

1. 仪器

双螺杆挤出机，冷水槽，牵引机，切割机。

2. 试样

聚乙烯树脂。

四、实验步骤

1. 实验前准备

检查主机（料斗、螺杆、加热装置、冷却系统）和辅机（机头、定型装置、冷却装置、牵引装置）是否正常。检查准备开机后必须使用的工具和物品，如剪刀、铲刀、通模孔的钢丝、包装袋等。根据材料相关特性初步拟定螺杆转速和各段加热温度等。

2. 开车操作

（1）预热升温。按工艺要求对各加热区温控仪表进行参数设定。各段加热温度达到设定值后，继续恒温 30min。

（2）启动润滑油泵，再次检查系统油有无泄漏，打开润滑冷却器冷却水开关。

（3）用手盘动电机联轴器，保证螺杆正常方向至少转动 3 转。将主机调速旋钮设置在零位，启动主电机，逐渐升高主螺杆转速，在不加料的情况下空转转速不高于 20r/min，时间不大于 1min，检查主机空载电流是否稳定。主机转动若无异常，低速启动主机主喂料电机，开始加料。待机头有物料排出后再缓慢地升高主螺杆转速和主喂料螺杆转速，升速时应先升主机速度，待电流平稳无异常后再升速加料。并使喂料机和主机转动相匹配，每次主螺杆升速不大于 50 转，若喂料机升速按工艺要求逐渐加量，主电源上升过快，应适当降低加料量，升速直至达到工艺要求的工作状态。

（4）启动水槽冷却水循环，开启风机及切粒机，拉条正常，调整切粒机转速与主机出条相匹配。用刮刀切去先头料，引出挤出的三条料条进入水下冷却，冷却后拉出吹干进入切料机，调整切料机的切料速度，可以得到合适的颗粒尺寸。切粒机转速随主机产量大小而升降。

（5）启动筒体冷却系统及润滑油系统的冷却器冷却水循环。

（6）对于排气操作一般应在主机进入稳定运转状态后，先打开真空泵进水阀，调节控制适当的工作水量，再启动真空泵。从排气口观察螺槽中物料塑化完全，并不冒料时，即可打开调节真空管路阀门，并关闭排气室上盖，将真空度控制在要求的范围内。

3. 停车操作

（1）正常停车

① 停止喂料机。对于多路进料系统，同时停止各辅助喂料机。

② 关闭真空管路阀门，打开真空室上盖。

③ 逐渐降低螺杆转速，尽量排尽筒体内残存物料，对于受热易分解的热敏性料，停车前应用聚烯烃料对主机中残留物料进行置换，物料基本排完后停双螺杆主机。即转速调至零位，按下主电机停止按钮。

④ 依次停止主电机冷却风机、油泵、真空泵、水泵。断开电仪控制柜上各段加热器电源开关。

⑤ 停止切粒机等辅助设备。

⑥ 关闭各外接水管阀门，包括加料段筒体冷却水、油润滑系统冷却水、真空泵和水槽冷却水等（主机筒体各软水冷却管路节流阀门不动）。

（2）紧急停车

遇有紧急情况需要停主机时，可迅速按下电仪柜红色紧急停车钮。并将主机及各喂料速旋钮旋回位，然后将总电源开关切断。消除故障后，才能再次按正常开车顺序重新开车。

五、注意事项

1. 物料内不允许有杂物，严禁金属和砂石等硬物料进入料斗。禁止用金属工具在料斗内手动搅拌物料。

2. 螺杆只允许在低速下启动，空转时间不超过 1min，及时喂料后才能逐渐提高螺杆转速。

3. 每次作业完毕，及时清扫主机、辅机工作环境。对于残存在模头内的黏性物料，有必要清理干净。

六、问题与讨论

1. 螺杆结构对原料制品有什么影响？

2. 管条直径的稳定性及光泽度受什么因素影响？

3. 分析工艺条件对制品质量及生产效率的影响。

实验二　热塑性塑料注射成型

一、实验目的

1. 了解螺杆式注射机的结构、性能参数、操作规程以及程控注射机在注射成型时工艺参数的设定、调整方法和有关注意事项。

2. 掌握注射机的操作技能，注射成型工艺原理。

3. 熟悉注射成型工艺条件对注射制品的质量和性能影响。

4. 掌握注射条件对标准试样的收缩、气泡等缺陷的影响。

二、实验原理

注射成型，是热塑性塑料成型制品的一种重要方法。除极少数几种热塑性塑料外，几乎所有的热塑性塑料都可用此法成型。用注射成型可成型各种形状，满足各种要求的模制品，因此，注射成型制品约占塑料制品总量的 20%～30%。注射成型原理是将颗粒状或粉状塑料从注射机的料斗送进加热的料筒中，原料经过加热熔化呈流动状态后在柱塞或螺杆的推动下向前移动，通过料筒前端的喷嘴以很快的速度注入温度较低的闭合模腔中，充满型腔的熔料经冷却固化后即可保持模具型腔所赋予的形状，然后开模分型获得成型塑件。注射机结构如图 4-3 所示。

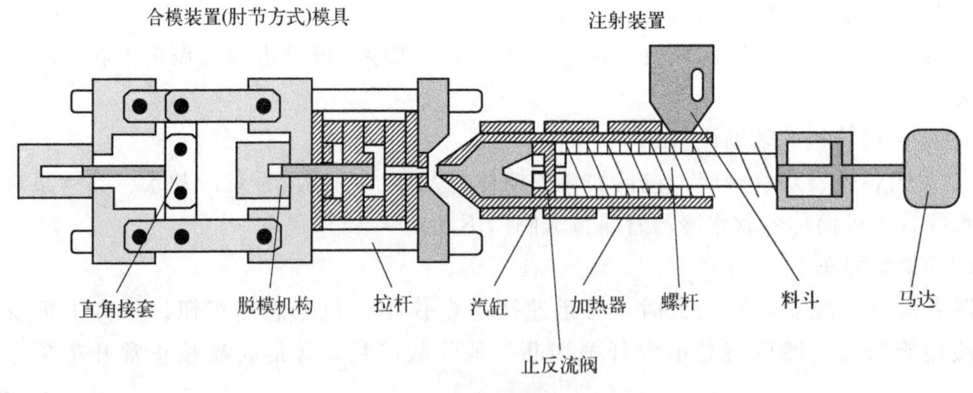

图 4-3　注射机结构示意图

注射过程一般包括加料、塑化、注射等步骤。

（1）加料。注射成型时需定量（定容）加料，以保证操作稳定，塑料塑化均匀，最终获得良好的塑件。加料过多，受热的时间过长等容易引起塑料的热降解，同时注射机功率损耗增多；加料过少，料筒内缺少传压介质，型腔中塑料熔体压力降低，难于补塑（即补压），容易引起塑件出现收缩、凹陷、空洞甚至缺料等缺陷。

（2）塑化。塑料在料筒中受热，由固体颗粒转换成黏流态并且形成具有良好可塑性均匀熔体的过程称为塑化。决定塑料塑化质量的主要因素是物料的受热情况和所受到的剪切作用。

通过料筒对物料加热，使聚合物分子松弛，出现由固体向液体转变；而剪切作用则以机械力的方式强化了混合和塑化过程，使塑料熔体的温度分布、物料组成和分子形态不发生改变，并更趋于均匀。同时螺杆的剪切作用能在塑料中产生更多的摩擦热，促进了塑料的塑化，因而螺杆式注射机对塑料的塑化比柱塞式注射机要好得多。

（3）注射。不论何种形式的注射机，注射的过程可分为充模、保压、倒流、浇口冻结后的冷却和脱模等几个阶段。

充模：塑化好的熔体被柱塞或螺杆推挤至料筒前端，经过喷嘴及模具浇注系统进入并充满型腔，这一阶段称为充模。

保压：在模具中熔体冷却收缩时，继续保持施压状态的柱塞或螺杆迫使浇口附近的熔料不断补充入模具中，使型腔中的塑料能成型出形状完整而致密的塑件，这一阶段称为保压。

倒流：保压结束后柱塞或螺杆后退，型腔中压力解除，这时型腔中的熔料压力将比浇口前方的高，如果浇口尚未冻结，就会发生型腔中熔料通过浇口流向浇注系统的倒流现象，使塑件产生收缩、变形及质地疏松等缺陷。如果保压结束之前浇口已经冻结，那就不存在倒流现象。

浇口冻结后的冷却：当浇注系统的塑料已经冻结后，已不再需要继续保压，因此可退回柱塞或螺杆，卸除对料筒内塑料的压力，并加入新料，同时通入冷却水、油或空气等冷却介质，对模具进行进一步的冷却，这一阶段称为浇口冻结后的冷却。实际上冷却过程从塑料注入型腔起就开始了，它包括从充模完成、保压到脱模前的这一段时间。

脱模：塑件冷却到一定的温度即可开模，在推出结构的作用下将塑料制件推出模外。

（4）塑件的后处理。由于塑化不均匀或塑料在型腔中的结晶、定向和冷却不均匀，塑件各部分收缩不一致，或因为金属嵌件的影响和塑件的二次加工不当等原因，塑件内部不可避免地存在一些内应力。而内应力的存在往往导致塑件在使用过程中产生变形或开裂，因此应该设法消除。

根据塑料的特性和使用要求，塑件可进行退火处理和调湿处理。

退火处理：把塑件放在一定温度的烘箱中或液体介质（如热水、热矿物油、甘油、乙二醇和液体石蜡等）中一段时间，然后缓慢冷却。

退火的温度一般控制在高于塑件的使用温度10～20℃或低于塑料热变形温度10～20℃。温度不宜过高，否则塑件会产生翘曲变形；温度也不宜过低，否则达不到后处理的目的。

退火的时间取决于塑料品种、加热介质的温度、塑件的形状和壁厚、塑件精度要求等因素。退火处理的目的：消除塑件的内应力，稳定尺寸；对于结晶型塑料还能提高结晶度，稳定结晶结构从而提高其弹性模量和硬度，但却降低了断裂伸长率。

调湿处理：将刚脱模的塑件（聚酰胺类）放在热水中隔绝空气，防止氧化，消除内应力，以加速达到吸湿平衡，稳定其尺寸，称为调湿处理。因为聚酰胺类塑件脱模时，在高温下接触空气容易氧化变色。另外，这类塑件在空气中使用或存放又容易吸水而膨胀，需要经过很长时间尺寸才能稳定下来，所以要进行调湿处理。

经过调湿处理，还可以改善塑件的韧度，使冲击韧度和抗拉强度有所提高。调湿处理的温度一般为 100～120℃，热变形温度高的塑料品种取上限；相反，取下限。

调湿处理的时间取决于塑料的品种、塑件形状、壁厚和结晶度大小。达到调湿处理时间后，应缓慢冷却至室温。但并不是所有的塑件都要进行后处理，如果塑件要求不严格时可以不必后处理。如聚甲醛和氯化聚醚塑件，虽然存在内应力，但由于高分子本身柔性较大和玻璃化转变温度较低，内应力能够自行缓慢消除，就可以不进行后处理。

三、仪器与试样

1. 仪器

注射机（包括注射装置、锁模装置、液压传动系统和电路控制系统等），模具多套。

2. 试样

PE、PP、PS 树脂等。

四、实验步骤

1. 准备工作

（1）了解机器的工作原理、安全要求及使用程序。

（2）熟悉操作控制板各键的作用与调节方法，了解注射压力与背压旋钮的调整和操作方式的设定。

（3）了解原料的规格、成型工艺特点及试样的质量要求。根据原料性能和制品要求初步拟定实验条件：原料的干燥条件；料筒温度、喷嘴温度；螺杆转速、背压及加料量；注射速度、注射压力；保压压力、保压时间；模具温度、冷却时间；制品的后处理条件。

（4）装好模具。

（5）接通冷却水，对油冷器和料斗座进行冷却。

（6）接通电源（合闸），按拟定的工艺参数，设定好料筒各段的加热温度，通电加热。

（7）将实验原料加入注射机料斗中。

（8）待料筒加热温度达到设定值时，保持 30min。

（9）首先采用“手动”方式动作，检查各动作程序是否正常，各运动部件动作有无异常现象，一旦发现异常现象，应马上停机，对异常现象进行处理。

2. 注射成型

（1）准备工作就绪后，关好前后安全门，保持操作方式为“手动”。操作时应集中精力观察控制屏按钮，以防误按，产生错误动作。

（2）开机，手动操作进行合模动作，接着依次实施闭模、注射装置前移、预塑程序、注射装置后移、用慢速度进行对空注射同时清洗料筒。开机前，应预热机筒（加热时间约 1h），保证机筒内原料塑化后，才可以开机，以免损坏螺杆。观察从喷嘴射出的料条有无离模膨胀和不均匀收缩现象。如料条光滑明亮，无变色、银丝和气泡，说明原料质量及预塑程序的条件基本适用，可以制备试样。

（3）手动操作实施注射成型过程，制取试样。操作程序为：闭模→预塑→注射装置前移→注射（充模）→保压→注射装置后移→预塑/冷却→开模→顶出制品→开安全门→取件→关安全门。

(4) 用自动或半自动操作方式，实施注射成型过程，制取试样。

(5) 停机或进行下一个实验。若停机，停机前，先关料斗闸门，将余料注射完；停机后，清洁机台，断电、断水（油冷却器、料斗座）。

3. 实验内容

(1) 依次改变注射速度、注射压力、保压时间、冷却时间、料筒温度工艺条件，制取相应试样。

(2) 在相同的成型工艺条件下，分别用 ABS、PP、PC 等树脂制取试样。

五、注意事项

1. 切勿使金属或其他硬件掺入料筒。
2. 喷嘴阻塞时应取下清理，切忌用增加注射压力的方法清理。
3. 机器操作时切勿将身体的任何部分或任何物品放置在机器活动的部件上或活动的部件间。

六、问题与讨论

1. 注射机操作方式有几种？如何选择注射机的操作方式？
2. 要缩短注射机的成型加工周期，可以采取哪些措施？
3. 在选择料筒温度、注射速度、保压压力、冷却时间的时候应该考虑哪些问题？
4. 注射成型厚壁的制品，容易出现哪些质量缺陷？如何从成型工艺上给予改善？
5. 消除试样中内应力集中的方法有哪些？如何克服试样中气泡和表面凹陷现象？

实验三　塑料模压成型

一、实验目的

1. 了解模压成型的原理和工艺控制过程。
2. 熟悉安装拆卸模具和操作过程。

二、实验原理

模压成型（压缩模塑）是将塑料放入加热的阴模模槽中，合上阳模后加热使其熔化，在压力作用下使物料充满模腔，形成与模腔形状一样的模制品，再经加热（使其进一步发生交联反应而固化）或冷却（对热塑性塑料应冷却使其硬化），脱模后即得制品的一种成型方法。

热塑性塑料通常是线型高分子，随温度升高，分子间力被破坏，黏度逐渐下降，因而树脂充满型腔后，需将模具冷却使熔融塑料变为具有一定强度的固体才能脱模成为制品。这种变化只是物理变化过程（分子结构没有发生改变），具有可逆性，可反复多次加工。压缩模结构如图 4-4 所示。

热固性塑料在加工前，通常其分子的支链（或侧基）带有可继续反应的基团的线型或支链型高分子结构。当加热至一定温度后，树脂开始熔融成为黏流态，并在压力作用下粘裹着纤维一起流动充满整个型腔，并发生树脂分子间交联反应，形成网状的体型结构，使分子量增加，黏度迅速增大，随即失去流动性，所以热固性塑料的模压成型是将缩聚反应到一定阶段的热固性树脂及其填充混合料置于成型温度下的压模型腔中，闭模施压。借助热和压力作用，使物料一方面熔融成可塑性流体而充满型腔，取得与型腔一致的型样。与此同时，带活性基团的树脂分子产生化学交联而形成网状结构。经过一段时间形成坚硬的整体，即固化成型，最后脱模成为制品，这种变化过程是不可逆的。由此看来，热固性塑料模压成型制品过

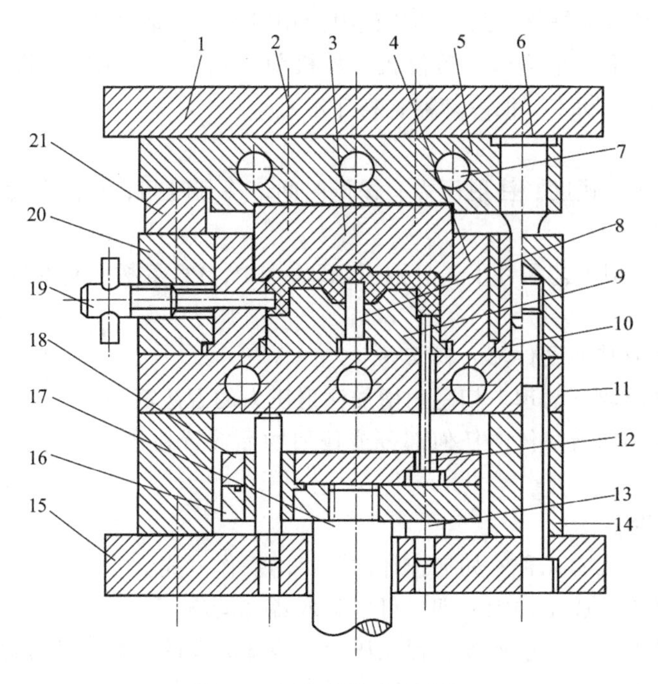

图 4-4　压缩模结构示意图

1—上模座板；2—螺钉；3—上凸模；4—加料室（凹模）；5，11—加热板；6—导柱；7—加热孔；8—型芯；9—下凸模；10—导套；12—推杆；13—支承钉；14—垫块；15—下模座；16—推板；17—连接杆；18—推杆固定板；19—侧型芯；20—型腔固定板；21—承压块

程中，不但塑料的外观发生了变化，而且其结构和性能也发生了本质性的改变。在成型过程中模压温度、压力和时间是重要的参数。

1. 模压温度

在其他工艺条件一定的情况下，热固性塑料模压过程中，温度不仅影响其流动性而且决定该过程中交联反应的速度。温度高，交联反应快，固化时间短。因此高温有利于缩短模压周期等。但温度过高，熔体流动性会降低以致充模不满，或表层过早固化而影响水分、挥发物排除，这不仅会降低制品的表观质量，还可能出现制品膨胀、开裂等不良现象。反之，模压温度过低，固化时间拖长，交联反应不完善也影响制品质量，同样会出现制品表面灰暗、黏模和力学性能降低等问题。

2. 模压压力

模压压力取决于塑料类型、制品结构、模压温度及物料是否预热等诸因素。一般来讲，增大模压压力可增进塑料熔体的流动性，降低制品的成型收缩率，使制品更密实；压力过小可能会使制品带有气孔。同时，压力过高还会增加设备的功率消耗，影响模具的使用寿命。

3. 模压时间

模压时间，是指压模完全闭合至启模这段时间。模压时间的长短也与塑料类型、制品形样、厚度、模压工艺及操作过程密切相关。制品厚度增大，模压时间相应增长。适当增长模压时间，可减少制品的变形和收缩率。采用预热、压片、排气等操作措施及提高模压温度都可缩短模压时间，从而提高生产效率。如果模压时间过短，固化不完全，起模后制品易翘曲、变形或表面无光泽，甚至影响其物理力学性能。表 4-1 为典型酚醛塑料模压成型工艺条件。

表 4-1 酚醛塑料模压成型工艺条件

试样类别	预热条件		模压条件		
	温度/℃	时间/min	温度/℃	压力/MPa	时间/min
电气(D)	135～150	3～6	160～165	25～35	6～8
绝缘 V165	150～160	6～10	150～160	25～35	6～10
绝缘 V1501	140～160	4～8	155～165	25～35	6～10
高频(P)	150～160	5～10	160～170	40～50	8～10
高电压(Y)	155～165	4～10	165～175	40～50	10～20
耐酸(S)	120～130	4～6	150～160	25～35	6～10
耐热(H)	120～150	4～8		25～35	6～10
冲击 J1503	125～135	4～8		25～35	6～10
冲击 J8603	135～145	4～8		25～35	6～10

注：板材厚度为 3.5～10mm，厚度小，压制工艺参数取较小值。

三、仪器与试样

1. 仪器

压模模具，液压机。

2. 试样

酚醛树脂和辅料。

本实验采用酚醛树脂模塑粉配方见表 4-2。

表 4-2 实验用酚醛树脂模塑粉配方

原材料	质量份数	原材料	质量份数
酚醛树脂	100	硬脂酸锌	1.5
六亚甲基四胺	13	炭黑	0.6
轻质氧化镁	3	云母	100
硬脂酸镁	2		

四、实验步骤

准备工作→模具安装→装料量的估算→称料→涂脱模剂→投料→刮平→物料预热→装嵌件→加料→闭模、排气→保温、保压、固化→脱模→清理模具。

1. 压制前的准备

对模具进行拆卸和装配，具体拆卸装配方法和步骤如下：

(1) 将动、定模分开置于钳工桌上，观察模腔形状与结构，分析分型面，推测制品结构和形状。

(2) 拆卸定模零件，注意相关零件之间的配合及位置关系，测量主要零件的尺寸，并作记录。

(3) 拆卸动模零件之前，注意观察脱模机构的组成，顶出距离，各相关零件之间的配合及位置关系。然后拆卸动模零件，测量主要零件的尺寸，并作记录。

(4) 将动模部分和定模部分分别组装成一个整体，装配时注意零件的方向和位置，不得搞错方向或装反，一边组装一边检查，注意零件的编号位置等。装配前用干净棉纱擦净零件。

(5) 将动模与定模合模，完成装配工作。

(6) 计算塑料粉量和压力表指数值。

根据制品尺寸以及使用性能，参照表 4-1，拟定模压温度、压力和时间等工艺条件，由模具型腔尺寸和模压压力分别计算出所需的塑料粉量和压力表指数值。

塑料粉量 m 计算：

$$m=\rho V \tag{4-1}$$

式中，ρ 为制品密度，g/cm^3；V 为制品体积，cm^3。

压力表指数值计算：

$$P=\frac{P_0 A P_{max}}{N_{机} \times 10^3} \tag{4-2}$$

式中，P 为压力表读数，MPa；P_0 为模压压力，MPa；A 为模具投影面积，cm^2；P_{max} 为液压机最大工作压力，kN；$N_{机}$ 为液压机公称压力，kN。

按表 4-2 配方称量，将各组分放入混合器中，搅拌 30min 后，将塑料粉装入塑料袋备用。必要时，按规定预热。

2. 压制成型

(1) 接通液压机电源，旋开控制面板上的加热开关，温度显示仪表亮。仪器开始加热升温。根据实验要求，设置实验温度为预热温度，并把模具置于加热板上预热。按上面公式计算结果将压力表的上限压力调至要求的范围之内。

(2) 模具预热 15min 后，将上、下模板脱开，用棉纱擦拭干净并涂以少量脱模剂。随即把已计量好的塑料粉加入模腔内，堆成中间高的形式，合上上模板再置于液压机热板中心位置。设置实验温度为模压温度。

(3) 开动液压机加压，使压力表指针指示到所需工作压力，经 2～7 次卸压放气后，在模压温度和模压压力下保压。

(4) 按实验要求保压一定时间后，卸压，取出模具，开模取出制品，用铜刀清理干净模具并重新组装待用。

3. 记录现象和结果

按不同工艺条件，重复上述操作过程，进行模压实验。实验时工艺条件为：

(1) 塑料粉不预热；模压温度 160℃；模压压力 25MPa；保压时间 5min。

(2) 塑料粉在 130℃预热；模压温度 160℃；模压压力 25MPa；保压时间 5min。

(3) 塑料粉在 130℃预热；模压温度 160℃；模压压力 30MPa；保压时间 5min。

(4) 塑料粉在 130℃预热；模压温度 150℃；模压压力 25MPa；保压时间 5min。

五、注意事项

1. 操作前要确保紧急制动按钮可以正常工作。

2. 防止触电、防止烫伤。

3. 实验结束后，清洁设备。

六、问题与讨论

1. 热固性塑料模压过程中为什么要进行排气？其模压过程与热塑性塑料的模压成型有何区别？

2. 酚醛模塑粉中各组分的作用是什么？

3. 热固性塑料与热塑性塑料成型有什么不同？

实验四　热固性树脂复合材料的手糊成型

一、实验目的

1. 了解热固性树脂的固化原理，掌握复合材料手糊成型的方法。

2. 学会手糊成型制备复合材料，设计树脂固化剂配方，学习玻璃纤维的预处理。

二、实验原理

手糊成型工艺又称接触成型、手工裱糊成型，是树脂基复合材料生产中最早使用和应用最普遍的一种成型方法。手糊成型工艺是以加有固化剂的树脂混合液为基体，以玻璃纤维、玻璃布、无捻粗纱布、玻璃毡及其织物为增强材料，在涂有脱模剂的模具上以手工铺放，使二者粘接在一起，达到所需塑料制品厚度，制造玻璃钢制品的一种工艺方法。基体树脂通常采用不饱和聚酯树脂或环氧树脂，增强材料通常采用无碱或中碱玻璃纤维及其织物。在手糊成型工艺中，机械设备使用较少，它适于多品种、小批量制品的生产，而且不受制品种类和形状的限制。

手工铺层糊制分湿法和干法两种。干法铺层：预浸布为原料，先将预浸好的料（布）按样板裁剪成坯料，铺层时加热软化，然后再一层一层地紧贴在模具上，并注意排除层间气泡，使之密实。此法多用于热压罐和袋压成型。湿法铺层：直接在模具上将增强材料浸胶，一层一层地紧贴在模具上，排除气泡，使之密实。一般手糊工艺多用此法。湿法铺层又分为胶衣层糊制和结构层糊制。

制品固化分硬化和熟化两个阶段：从凝胶到三角化一般要 24h，此时固化度达 50%～70%（巴柯尔硬度为 15），可以脱模，脱模后在自然环境条件下固化 1～2 周才能使制品具有力学强度，称熟化，其固化度达 85%以上。加热可促进熟化过程，对聚酯玻璃钢，80℃加热 3h，对环氧玻璃钢，后固化温度可控制在 150℃以内。加热固化方法很多，中小型制品可在固化炉内加热固化，大型制品可采用模内加热或红外线加热。

不饱和聚酯是热固性的树脂，是由不饱和二元羧酸（或酸酐）、饱和二元羧酸（或酸酐）与多元醇缩聚而成的线型高分子化合物。在不饱和聚酯的分子主链中含有酯键和不饱和双键。因此，它具有典型的酯键和不饱和双键的特性。不饱和聚酯具有线型结构，因此也称线型不饱和聚酯。不饱和聚酯链中含有不饱和双键，因此可以在加热、光照、高能辐射以及引发剂作用下与交联单体进行共聚，交联固化成具有三维网络的体型结构。玻璃钢（FRP）手糊成型工艺是玻璃纤维增强不饱和聚酯制品生产中使用最早的一种成型工艺。

手糊成型工艺操作简便，设备简单，投资少，不受制品形状尺寸限制，可以根据设计要求，铺设不同厚度的增强材料。手糊成型特别适合于制作形状复杂、尺寸较大、用途特殊的 FRP 制品。但手糊成型工艺制品质量不够稳定，不易控制，生产效率低，劳动条件差。

不饱和聚酯树脂从液态转变成坚硬的固态，这种过程称为树脂的固化。当不饱和聚酯树脂配以过氧化环已酮（或过氧化甲乙酮）作引发剂，以环烷酸钴作促进剂时，它可在室温、接触压力下固化成型。

三、仪器与试样

1. 仪器

模具，电子天平，烧杯，玻璃棒，剪刀，量筒，刮刀，毛刷，羊毛手辊。

2. 试样与试剂

不饱和聚酯树脂，过氧化环己酮或过氧化甲乙酮，环烷酸钴，玻璃纤维布，脱模剂。

四、实验步骤

1. 模具的表面处理

模具表面进行打磨、抛光等处理，提高模具表面的光滑程度，从而保证制作的玻璃钢制品表面的光洁度。

2. 涂刷脱模剂

为防止脱模困难，必须在模具表面涂刷脱模剂，脱模剂在两界面间起到润滑分离作用。涂刷脱模剂时，一定要涂均匀、周到，并反复涂刷2～3遍，待前一遍涂刷的脱模剂干燥后，方可进行下一遍涂刷。

3. 树脂胶液配制

将100份不饱和聚酯树脂（未预促进）和2～4份（质量份）的过氧化甲乙酮混合于干净的容器中，手工搅拌均匀后，再加入0.5～1份的促进剂，迅速搅拌，尽量除去树脂胶液中的气泡，即可使用。

4. 玻璃纤维逐层糊制

裁剪玻璃纤维布5张，根据模具规格进行裁剪。待脱模剂硬化，手感软而不黏时，将调配好的不饱和聚酯树脂胶液涂刷到经涂刷脱模剂的模具上，随即铺一层玻璃纤维方格布，压实，排出气泡。玻璃纤维以NC-UP-R-UP-R-UP……(NC表示脱模剂层，UP表示不饱和聚酯树脂胶液，R表示0.2mm玻璃纤维方格布）的积累方法进行逐层糊制，直到达到所需厚度。在糊制过程中，要严格控制每层树脂胶液的用量，既要能充分浸润纤维，又不能过多。含胶量高，气泡不易排除，而且造成固化放热大，收缩率大。整个糊制过程实行多次成型，每次糊制2～3层后，要待固化放热高峰过了之后（即树脂胶液较黏稠时，在20℃时，一般60min左右)，方可进行下一层的糊制。糊制时玻璃纤维布必须铺覆平整，玻璃布之间的接缝应互相错开，尽量不要在棱角处搭接。要注意用毛刷将布层压紧，使含胶量均匀，赶出气泡，有些情况下，需要用尖状物，将气泡排掉。

5. 脱模修整

在常温得到的制品，固化48h即可脱模。脱模要保证制品不受损伤。脱模方法有如下几种：

（1）顶出脱模：在模具上预埋顶出装置，脱模时转动杆，将制品顶出。

（2）压力脱模：模具上留有压缩空气或水入口，脱模时将压缩空气或后面加水压入模具和制品之间，同时用木槌和橡胶锤敲打，使制品和模具分离。

（3）大型品脱模可借助千斤顶、吊车和硬木楔等工具。

（4）复杂制品可采用手工脱模方法先在模具上糊制两三层玻璃钢，待其固化后从模具上剥离，然后再放在模具上继续糊制到厚度，固化后就可以从模具上脱离下来。

对产品进行修整。尺寸修整：成型后的制品，按设尺寸切去超出多余部分。缺陷修补：包括穿孔修补，气泡、裂缝修补，破孔补强等。

五、注意事项

1. 不饱和聚酯树脂的凝胶时间与外界因素影响有关。建议凝胶时间控制在15～20min。

2. 不饱和聚酯树脂气味较大，注意实验室通风。

3. 搬动玻璃板时注意安全。

4. 复合材料手糊成型时，不要有缺胶，不要有气泡。

5. 注意实验室卫生，树脂不要弄在地上或实验台上。压辊、塑料盆及毛刷等工具使用后，热水清洗干净。

六、问题与讨论

1. 试述手糊成型过程中影响制品质量的因素及处理方法。

2. 分析导致脱模困难现象发生的原因有哪些？

实验五　热塑性塑料中空吹塑成型工艺

一、实验目的

1. 了解双色挤出吹瓶机、吹塑机头及辅机的结构和工作原理。

2. 了解吹塑成型原理。

3. 掌握聚乙烯吹塑工艺操作过程、各工艺参数的调节及成型影响因素。

二、实验原理

中空吹塑（blow molding）是借助气体压力使闭合在模具型腔中的处于类橡胶态的型坯膨胀成为中空制品的二次成型技术。用于中空吹塑成型的热塑性塑料品种很多，最常用的有PE、PP、PVC和热塑性聚酯等，也有用PA、纤维素塑料和PC的。生产的吹塑制品主要用作各种液状货品的包装容器，如各种瓶、壶、桶等。若将所制得的型坯直接在热状态下立即送入吹塑模内吹胀成型，称为热坯吹塑；若不用热的型坯，而是将挤出所制得的管坯和注射所制得的型坯重新加热到类橡胶态后再放入吹塑模内吹胀成型，称为冷坯吹塑。目前工业上以热坯吹塑为多。

吹塑工艺按型坯制造方法的不同，可分为注射吹塑和挤出吹塑两种。挤出吹塑与注射吹塑的不同之处在于其型坯是否用挤出机经机头挤出制得。挤出吹塑法生产效率高，型坯温度均匀，熔接缝少，吹塑制品强度较高；设备简单，投资少，适用性广。为适应不同类型中空制品的成型，挤出吹塑在实际应用中有单层直接挤坯吹塑、多层挤出吹塑、挤出-蓄料-压坯-吹塑等不同的方法。挤压吹塑型坯温度是影响产品质量比较重要的因素，严格控制温度，使型坯在吹胀之前有良好的形状稳定性，保证吹塑制品有光洁的表面、较高的接缝强度和适宜的冷却时间。一般型坯温度控制在材料的$T_g \sim T_m$之间，并偏向T_m一侧。一般挤出吹塑设备主要由挤出机、机头、模具和型坯壁厚度控制装置组成。挤出机压力较低，多用钢或铝制作。先进的吹塑成型机多带有型坯壁厚控制装置，该装置按预先设计的程序，通过伺服阀驱动液压油缸，使倒锥式芯模上下移动，控制通过口模的物料量，从而使型坯相应部位达到所需的厚度。

型坯温度、吹塑模温度、充气压力与充气速率、吹胀比和冷却时间等工艺因素对吹塑过程和吹塑制品质量有重要影响，拉伸吹塑成型的影响因素还有拉伸比。

三、仪器与试样

1. 仪器

吹瓶机。

2. 试样

淀粉基热塑性母料，LDPE。

四、实验步骤

(1) 吹瓶机的运转和加热。

(2) LDPE 加热。

(3) 加料。

(4) 吹塑成型。

(5) 测壁厚。

(6) 降低螺杆转速，挤出机内存料，清理残留塑料。

五、注意事项

1. 熔体被挤出前，操作者不得位于口模的正前方，以防意外伤人。
2. 操作时严防金属杂质和小工具落入挤出机筒内，操作时要戴手套。
3. 清理挤出机和口模时，只能用铜刀、棒或压缩空气，切忌损伤螺杆和口模的光洁。
4. 压缩空气压力要适当，使制品外观丰满、形状完整。
5. 吹塑过程要密切注意各项工艺条件稳定，不应有所波动。

六、问题与讨论

1. 影响吹塑中空容器厚度均匀性的因素是什么?
2. 试综合陈述挤出吹塑中空容器模具的模口颈部设计要素。
3. 为提高吹塑容器的刚性，通常可采取哪些措施?

实验六　聚氨酯泡沫塑料的制备

一、实验目的

1. 了解聚氨酯泡沫塑料制备的化学原理。
2. 掌握聚氨酯泡沫塑料的基本配方和制备工艺。

二、实验原理

聚氨酯泡塑料，具有绝热效果好、比强度大、电学性能、耐化学药品以及隔音效果优越等特点，广泛用作绝热保温材料、结构材料以及"合成木材"等。它占聚氨酯总产量约30%左右，是重要品种之一。

用于制备聚氨酯泡沫塑料的原料品种有很多，但可以归为以下几种类型。

1. 二异氰酸酯类

二异氰酸酯类是生成聚氨酯的主要原料，采用最多的是甲苯二异氰酸酯（TDI）。甲苯二异氰酸酯有2,4-和2,6-两种同分异构体，前者活性大，后者活性小，故常用此两种异构体的混合物。两种异构体的用量比工业上常称为异构比。一般异构比为80/20。异构比越高，化学反应越快，趋于形成闭孔泡沫结构；异构比越低，则趋于形成开孔结构。

粗制甲苯二异氰酸酯约含85%TDI，它主要用于一步法生产聚醚型硬质聚氨酯泡沫塑料。它与精制TDI相比成本低，活性小一些，更适用于硬质泡沫塑料。除甲苯二异氰酸酯外，还可用二苯基甲烷二异氰酸酯（MDI）、多苯基多亚甲基二异氰酸酯（粗MDI）等制造硬质聚氨酯泡沫塑料。由于MDI无毒，阻燃性比TDI高，模塑熟化快，对模具温度要求低等优点，20世纪80年代后，MDI泡沫塑料逐渐替代TDI泡沫塑料。

2. 聚酯或聚醚

聚酯或聚醚是生成聚氨酯的另一主要原料。聚酯通常都是分子末端带有醇基的树脂，一般由二元羧酸（己二酸、癸二酸、苯二甲酸）和多元醇（乙二醇、丙三醇、季戊四醇、山梨糖醇等）制成。聚氨酯泡沫塑料制品的柔软性可由聚酯或聚醚的官能团数和分子量来调节，即控制聚合物分子中支链密度来加以调节。用于制造软质泡沫塑料的聚酯或聚醚都是线型或略带支链的结构，分子量为2000～4000，官能度小于（2～3），羟值（指每克多元醇样品中所含羟基量）比较低（40～60mg/g）；用于制造硬质泡沫塑料的分子量为270～1200，而且有支化结构，其官能度大（指醇基），在3～8之间，羟值比较高（380～580mg/g）。

通常，聚酯或聚醚的官能度大，羟值高，则制得的泡沫塑料硬度大，物理力学性能较好，耐温性佳，但与异氰酸酯等其他组分的互溶性差，为发泡工艺带来一定困难。聚醚与聚酯相比，所制得泡沫塑料制品虽然耐水解性、电绝缘性、手感等优良，但力学性能、耐热性、耐油性略为逊色。为此，对于聚酯或聚醚的选择应根据制品物性、成型工艺、原料来源等因素全面考虑，合理取舍。

3. 催化剂

根据泡沫塑料的生产要求，必须使发泡反应完成时泡沫网络的强度足以使气泡稳定地包裹在内，这可由催化剂来调整。聚氨酯生产中最主要的催化剂是叔胺类化合物（三乙胺、三亚乙基二胺、*N*,*N*-二甲基苯胺等）和有机锡化合物（二月桂酸二丁基锡等）。叔胺类化合物对异氰酸酯与醇基和异氰酸酯与水的两种化学反应都有催化能力而有机锡化合物对异氰酸酯与醇基的反应特别有效。因此常将两类催化剂混合使用，以达到协同效果。

4. 发泡剂

用作聚氨酯泡沫塑料发泡剂的是异氰酸酯与水作用生成的二氧化碳。由于这种作用能使聚合物常带有聚脲结构，以致泡沫塑料发脆。其次生成二氧化碳的反应会放出大量反应热，使气泡因温度升高所增加的内压而发生破裂。用二氧化碳发泡会过多地消耗昂贵的异氰酸酯，因此，为了减少异氰酸酯的用量，在软质泡沫塑料中可适当掺用。而在硬质泡沫塑料中常采用三氯氟甲烷等氯氟烃类化合物为发泡剂，氯氟烃在聚合物形成过程中吸收热量变为气体，从而使聚合物发泡。

5. 表面活化剂

生产时，为了降低发泡液体的表面张力使成泡容易，泡沫均匀，又能使水与聚酯或聚醚均匀混合，常需在原料中加入少量的表面活化剂。如水溶性硅油（聚氧烯烃与聚硅氧烷共聚而成）、磺化脂肪醇、磺化脂肪酸以及其离子型表面活性剂等。

6. 其他助剂

为了提高聚氨酯泡沫塑料的质量，常需要加入某些特殊的助剂。为了提高制品的耐温性及抗氧性而加入抗氧剂264(2,6-二叔丁基-4-甲酚)；为了提高自熄性而加入含卤含磷有机衍生物、含磷聚醚及无机的溴化铵等；为了提高机械强度加入铝粉；为了提高柔软性而加入增塑剂；为了降低收缩率而加入粉状无机填料；为美观色泽而加入各种颜料等。

本实验采用聚醚树脂和甲苯二异氰酸酯为主要原料，三乙烯二胺和二月桂酸二丁基锡为催化剂，通过聚合反应合成聚氨酯泡沫，研究制品密度与工艺条件的关系。

三、仪器与试剂

1. 仪器

烧杯，锥形瓶，搅拌器，玻璃棒，模具，天平，量筒。

2. 试剂

聚醚树脂（羟值54～57mg/g），甲苯二异氰酸酯（水分≤0.1%，纯度98%，异构比为

65/35 或 80/20），三乙烯二胺（纯度 98%），二月桂酸二丁基锡（Sn 含量 17%～19%），水溶性硅油，蒸馏水。

四、实验步骤

（1）按配方称料。聚醚树脂 100 份；甲苯二异氰酸酯 35～40 份；二月桂酸二丁基锡 0.1 份；水溶性硅油 1.0 份；三乙烯二胺 1.0 份；蒸馏水 2.5～3.0 份。

（2）准备好浇铸模具（方形牛皮纸盒也可以）。

（3）将称量后的聚醚树脂、三乙烯二胺、二月桂酸二丁基锡、水溶性硅油、甲苯二异氰酸酯加入烧杯中，立即高速搅拌 30s 后注入模具中。

（4）将聚氨酯泡沫塑料连模具一同送入烘箱，在 60℃条件下熟化 30min 后取出制品。

（5）若需要开孔型泡沫塑料，可进一步通过辊压得到。

（6）用电热丝切割成需要的形状。

（7）称量制品质量，测量制品体积，算出制品密度，确定产物是低发泡倍率还是高发泡倍率，讨论制品密度与工艺条件的关系。

五、注意事项

1. 配料混合后，立刻将其搅拌均匀。发现泡沫开始生长时，就可以停止搅拌。

2. 原料不易加入过多，以免发泡后溢出。

3. 注意不要将原料洒在实验台上，很难清理。

六、问题与讨论

1. 阐述聚氨酯泡沫塑料配方中每种组分的作用。

2. 发泡中常见的泡孔大小不均匀、连泡、塌泡是什么因素造成的?

实验七　橡胶的开炼及平板硫化

一、实验目的

1. 熟悉橡胶开炼机的操作。

2. 熟悉平板硫化机的操作。

3. 掌握橡胶硫化机理。

二、实验原理

橡胶加工是指由生胶及其配合剂，经过一系列化学与物理作用制成橡胶制品的过程。主要包括生胶的塑炼，塑炼胶与各种配合剂的混炼、成型及胶料的硫化等几个加工工序。

1. 塑炼和混炼

塑炼和混炼是橡胶加工过程中两个重要的工艺过程，通称炼胶。本实验选用开炼机进行机械法塑炼。天然生胶在开炼机里受到强烈挤压与剪切使生胶趋于熔融或软化，并受力降解，多次往复，直至达到预期的塑化状态。混炼的目的是通过机械的作用，使各种配合剂均匀地分散在胶料中。从而提高橡胶产品使用性能、改进橡胶工艺性能或降低成本。其中，配合剂主要包括硫化剂、硫化促进剂、助促进剂、防老剂、补强剂、填充剂、着色剂等；橡胶硫化剂是使橡胶由线型结构转变为体型结构，使之成为弹性体的物质；硫化促进剂是为了缩短硫化时间，使硫化剂活化的物质。

混炼时各种配合剂的加料顺序是有要求的，一般按如下顺序加入：塑炼胶→小料（促进剂、活性剂、防老剂）→液体软化剂→补强剂、填充剂→硫黄。

常用的混炼加工设备有开炼机和密炼机。

2. 硫化

橡胶硫化是指橡胶的线型大分子链通过化学交联而构成三维网状结构的化学变化过程。胶料的物理性能及其他性能都随之发生根本变化。橡胶分子链在硫化前后的状态如图 4-5 所示。

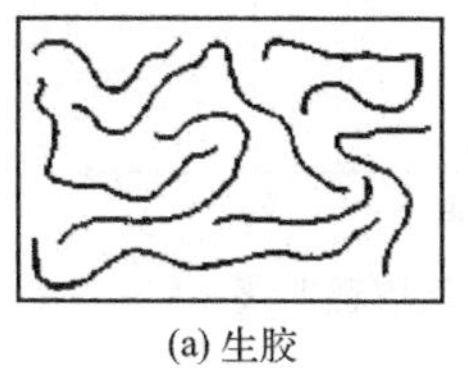

(a) 生胶

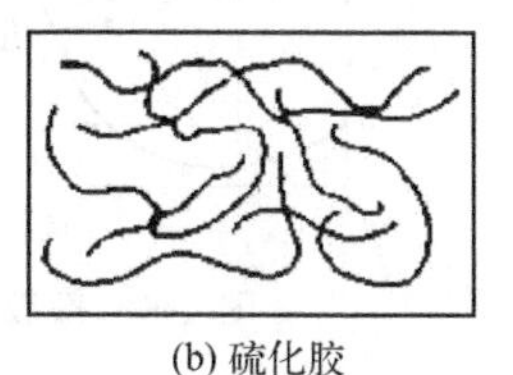

(b) 硫化胶

图 4-5　橡胶分子链硫化前后的网络结构示意图

硫化是橡胶生产加工过程中的一个非常重要阶段，也是最后的一道工序。这一过程赋予橡胶各种宝贵的物理性能，使橡胶成为广泛应用的工程材料，在许多重要部门和现代尖端科技如交通、能源、航空航天等各个方面都发挥了重要作用。硫化过程中，橡胶的各种性能随硫化时间的增加而有一定规律的变化。随着硫化时间的增加，硬度、拉伸强度和回弹性等随硫化时间增加而逐渐增高；伸长率、永久变形和可塑性等随硫化时间的增加而逐渐下降；抗撕强度增高到一定值后便开始下降；抗张强度的变化则随不同胶种和硫化体系而有不同的规律。对于天然胶，其抗张强度随硫化时间增加到一定程度后又逐渐下降；而很多合成橡胶（如丁苯橡胶）的抗张强度并无这种下降的现象。这些规律都是由于在硫化过程中橡胶分子链产生交联且交联度不同。

硫化方法有很多，主要包括注压硫化、硫化罐硫化、共熔硫化、微波硫化和平板硫化等。硫黄是天然橡胶和合成橡胶的主要硫化剂。此外，硒、碲、含硫化合物、金属氧化物和过氧化物等也可用作硫化剂。同时在硫化过程中还要加入硫化促进剂、硫化活性剂、补强剂、防老剂和增塑剂等配合剂来改善和提高橡胶制品加工性能、物理机械性能和使用寿命，节约原材料和降低成本。常用的硫化促进剂主要有噻唑类、秋兰姆类、次磺酰胺类、胍类、二硫代氨基甲酸盐类、醛胺类、黄原盐酸类和硫脲类。硫化活性剂又称助促进剂，能参与橡胶的硫化反应，提高促进剂活性并充分发挥其效能，提高交联程度。常用的活性剂是氧化锌和硬脂酸并用，氧化锌对天然橡胶有一定补强作用，硬脂酸对胶料还有软化增塑作用，帮助炭黑（常用补强剂）的混合分散。防老剂能够抑制或延缓橡胶的老化过程，延长制品的使用寿命。常用的防老剂有胺类和酚类两大类。增塑剂能降低胶料的黏度，提高其流动性和黏着性，加快配合剂在胶料中的混合分散速度，从而改善胶料的工艺加工性能。常用的增塑剂包括矿物油、动植物油、酯类等。炭黑是最常用的补强剂（活性填充剂），它能提高橡胶力学性能。填充剂主要起增容作用以降低成本，常用的有碳酸钙、硫酸钡等。

在硫化过程中，橡胶的各种性能都随硫化时间增加而发生变化，若将橡胶的某一项性能的变化与对应的硫化时间作图，则可得到一个曲线图形，其可显示出胶料的硫化历程，故称为硫化历程曲线或硫化曲线。

图 4-6 所示为用硫化仪测出的硫化历程曲线。该曲线反映胶料在一定硫化温度下，转矩（模量）随硫化时间的变化。工业上从硫化工艺控制的角度考虑将硫化曲线分成四个阶段，即焦烧阶段、热硫化阶段、平坦硫化阶段和过硫化阶段。

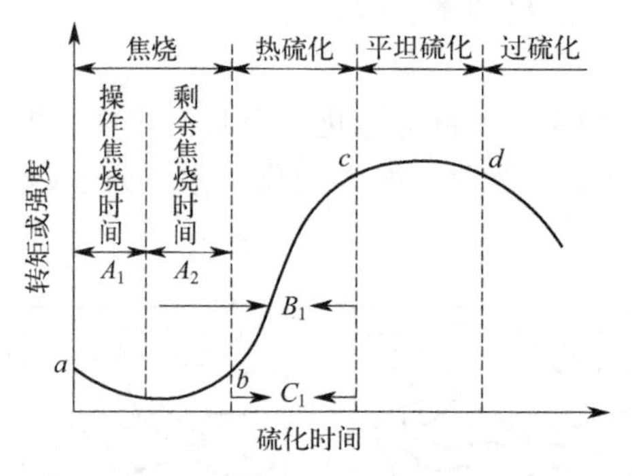

图 4-6 橡胶硫化历程曲线

本实验采用平板硫化法加工天然橡胶，以硫黄作硫化剂，硬脂酸和氧化锌作硫化活性剂，炭黑作补强剂。此外，硫化促进剂选用 2-巯基苯并噻唑（促进剂 M），防老剂选用 *N*-苯基-2-萘胺（防老剂 D）。

三、仪器与试剂

1. 仪器

橡胶开炼机，平板硫化机，橡胶加工模具。

2. 试剂

天然橡胶，硫黄，氧化锌，硬脂酸，促进剂 M，防老剂 D，炭黑，脱模剂 CH-106。

四、实验步骤

1. 配料

按以下配方准备原材料：天然橡胶 200g，硫黄 6g，氧化锌 10g，硬脂酸 4g，促进剂 M 2g，防老剂 D 2g，炭黑 100g。

2. 塑炼

（1）破胶：辊温控制在 45℃左右，将生胶碎块连续投入两辊之间，在 1.5mm 辊距下破胶。

（2）薄通：胶块破碎后，将辊距调至 0.5mm，从大齿轮的一端加入破胶后的胶片，使之通过辊筒的间隙，直接落到接料盘内。将接料盘中的胶片重新投到辊筒的间隙中，重复薄通数次。

（3）捣胶：将辊距调至 1mm，使胶片包辊后，用割刀将胶料割落在接料盘上。重新使胶片包辊，重复捣胶数次。操作过程中保持辊温不超过 50℃。

3. 开炼

（1）调节辊筒温度在 50～60℃之间。

（2）包辊：将塑炼胶置于辊缝间，调整辊距使塑炼胶既包辊又能在辊缝上部有适当的堆积胶。经 2～3min 的辊压、翻炼后，使之均匀连续地包裹在前辊上，形成光滑无隙的包辊胶层。取下胶层，放宽辊距至 1.5mm，再把胶层投入辊缝使其包于后辊，然后准备加入配合剂。

4. 吃粉

（1）不同配合剂需按以下顺序分别加入：固体软化剂→促进剂、防老剂和硬脂酸→氧化锌→补强剂和填充剂→液体软化剂→硫黄。

（2）吃粉过程中，每加入一种配合剂后都要捣胶两次。在加入填充剂和补强剂时要让粉料自然地加入胶料中，使之与橡胶均匀接触混合，而不必急于捣胶；同时还需逐步调宽辊距，使堆积胶保持在适当的范围内。待粉料全部吃进后，由中央处割刀分往两端，进行捣胶操作，促使混炼均匀。

5. 翻炼

在加硫黄之前和全部配合剂加入后，将辊距调至0.5～1mm，通常用打三角包、打卷或折叠等对胶料进行翻炼3～4min，待胶料的颜色均匀一致、表面光滑即可下片。

6. 胶料下片

混炼均匀后，将辊距调至适当大小，胶料辊压出片。测试硫化特性曲线的试片厚度为5～6mm，模压胶板厚度为2mm。下片后注明压延方向。胶片需在室温下冷却停放8h以上方可进行硫化。

7. 炼胶的称量

按配方的加入量，混炼后胶料的最大损耗为总量的0.6%以下，若超过这一数值，胶料应予以报废，须重新配炼。

8. 硫化

(1) 检查平板硫化机各个部分的运转是否正常。根据计算好的工艺条件，对平板硫化机进行温度设定和压力设定，调节平板硫化机的平板温度至142℃。将平板硫化机加热到规定的温度（注意：上下板都需加热）。

(2) 检查模具是否完好、清洁，清除模具上残留的胶屑及油污。将模具放入平板硫化机的加热板间预热约15min。

(3) 将胶料裁剪成模具所需的形状大小。

(4) 取出预热好的模具，并将裁好的胶料装入模具中，放到平板硫化机的加热板上，加压。硫化压力为2MPa。将模具放气3次，然后保压10min，并开始计算硫化时间。当压力表指针达到所需的工作压力时，开始记录硫化时间。

(5) 到规定的硫化时间后，去掉平板间的压力，立即趁热脱模，取出硫化橡胶制品。对模具进行必要的清理。

五、注意事项

1. 使用炼胶机炼胶时，手一定不能接近辊缝。操作时双手尽量避免越过辊筒中心线上部，送料时应握拳。炼胶时必须有2人以上在场，如遇到危险时应立即触动安全刹车。留长发的学生应事先扎发戴帽，以免头发被卷入炼胶机中。

2. 操作平板硫化机必须戴上手套，防止被烫伤。

3. 将模具放入平板硫化机中时，应将其放在加热板中间位置，防止模具受力不均。

六、问题与讨论

1. 天然橡胶硫化的实质是什么？

2. 天然橡胶硫化的过程包括哪些步骤？

3. 生胶、塑炼胶、混炼胶和硫化胶的结构和机械性能有何不同？

实验八　聚氯乙烯的搪塑成型工艺

一、实验目的

1. 了解搪塑成型的原理。

2. 熟悉搪塑成型过程；掌握糊塑料的配制。

二、实验原理

搪塑也称涂凝成型，主要用于溶胶塑料（糊塑料）的成型。糊塑料制品成型过程中伴随着一系列的物理变化过程，将使糊塑料发生物理变化的加热过程称为糊塑料的热处理，该过程可分为凝胶和熔化两阶段。将糊塑料（塑性溶液）倒入预先加热到某一温度的模具中，靠近模壁的塑料受热得到凝胶（没有变为凝胶的塑料要及时倒出），对附在模壁的塑料进行热处理，冷却固化后得到制品。搪塑成型工艺过程具有设备费用低、可连续化生产、工艺控制相对简单的优点。缺点是制品的壁厚，质量准确性较差。

搪塑工艺树脂中还需要添加一些增塑剂和稳定剂等配合剂。增塑剂能够降低聚合物熔融黏度和温度，增加可塑性和流动性，使制品具有柔韧性。PVC 塑料生产软制品需添加大量增塑剂，如邻苯二甲酸二丁酯（DBP），其优点是与树脂相容性很好。再如邻苯二甲酸二辛酯（DOP）与许多聚合物有着良好的相容性，同时具有较低的挥发性，较好的低温柔韧性，相当低的抽出性和毒性，良好的电绝缘性能和耐紫外光性能等，其混合能力好，增塑效率高。

在塑料中加入稳定剂可延缓或抑制聚合物老化，稳定剂起到吸收氯化氢，消除不稳定氯离子，防止自动氧化等作用。润滑剂有利于聚合物的加工时，防止聚合物黏着料筒，抑制摩擦生热，还能改善薄膜的外观和光泽。

三、仪器与试剂

1. 仪器

搪塑模具，烘箱，天平，烧杯，量筒，真空脱泡装置，温度计，玻璃棒，研钵。

2. 试剂

乳液法 PVC 树脂，邻苯二甲酸二辛酯（DOP），邻苯二甲酸二丁酯（DBP），葵二酸二辛酯（DOS），硬脂酸锌，硬脂酸钙，硬脂酸钡。

四、实验步骤

根据配方称量不同份数的添加剂，取 PVC 100 份，DOP 24～48 份，DBP 52～48 份，DOS 4～8 份，硬脂酸钙 1.5 份，硬脂酸锌 0.7 份，硬脂酸钡 0.5 份。

将聚氯乙烯粉末树脂配以增塑剂、稳定剂等各种助剂，放入研钵中研磨混合均匀，形成稳定的剂浆，在低温下不停搅拌，使各组分均匀分散，制成溶胶塑料。利用真空装置使 PVC 糊塑料中所包裹的气体排出，得到脱泡的糊塑料。预热搪塑模具。将制备好的溶胶塑料倒入成型模具中，再用一个相同的模具把其压制成一定的形状，压紧，多余的溶胶塑料倒出，用夹子固定好两个模具。将其放入烘箱里进行热处理，直到烘箱升温到 160℃后保温 20min，使贴于壁面的 PVC 糊熔化。拿出冷却固化后，得到中空制品。改变增塑剂和填充剂的量以同样的方法再进行实验。

五、注意事项

1. 要注意控制好加热温度和加热速度。

2. 控制各种添加剂的使用量，搅拌过程注意排气、脱泡。

六、问题与讨论

1. 增塑剂用量对搪塑成型工艺有什么影响？

2. 搪塑工艺过程容易产生什么质量问题？如何解决？

第五章

高分子综合设计实验

实验一　聚甲基丙烯酸甲酯合成及检测

一、实验目的

1. 了解自由基本体聚合的特点和实验方法。

2. 掌握和了解有机玻璃的制造和操作技术的特点，并测定制品的透光率。

二、实验原理

本体聚合是指单体在少量引发剂下或者直接在热、光和辐射作用下进行的聚合反应，因此本体聚合具有产品纯度高、无需后处理等特点。本体聚合常常用于实验室研究，如聚合动力学的研究和竞聚率的测定等。工业上多用于制造板材和型材，所用设备也比较简单。本体聚合的优点是产品纯净，尤其是可以制得透明样品，其缺点是散热困难，易发生凝胶效应，工业上常采用分段聚合的方式。

聚甲基丙烯酸甲酯（PMMA）具有优良的光学性能、机械性能，密度小，耐候性好。在航空、光学仪器、电器工业、日用品方面有着广泛用途。有机玻璃板就是由甲基丙烯酸甲酯通过本体聚合方法制成的。甲基丙烯酸甲酯是含不饱和双键、结构不对称的分子，易发生聚合反应，其聚合热为56.5kJ/mol。甲基丙烯酸甲酯在本体聚合中的突出特点是有“凝胶效应”，即在聚合过程中，当转化率达10%～20%时，聚合速率突然加快。物料的黏度骤然上升，以致发生局部过热现象。其原因是随着聚合反应的进行，物料的黏度增大，活性增长链移动困难，致使其相互碰撞而产生的链终止反应速率常数下降；相反，单体分子扩散作用不受影响，因此活性链与单体分子结合进行链增长的速率不变，总的结果是聚合总速率增加，以致发生爆发性聚合。由于本体聚合没有稀释剂存在，聚合热的排散比较困难，“凝胶效应”放出大量反应热，因而产品含有气泡影响其光学性能。因此在生产中要通过严格控制聚合温度来控制聚合反应速率，以保证有机玻璃产品的质量。

甲基丙烯酸甲酯本体聚合制备有机玻璃常采用分段聚合方式，先在聚合釜内进行预聚合，后将聚合物浇注到制品模型内，再开始缓慢后聚合成型。预聚合有几个好处，一是缩短聚合反应的诱导期并使“凝胶效应”提前到来，以便在灌模前移出较多的聚合热，以利于保证产品质量；二是可以减少聚合时的体积收缩，因甲基丙烯酸甲酯由单体变成聚合体体积要缩小20%～22%，通过预聚合可使收缩率小于12%，另外，浆液黏度大，可减少灌模的渗透损失。

三、仪器与试剂

1. 仪器

锥形瓶，三颈瓶，搅拌装置，球形冷凝管，71 型或 72 型分光光度计，游标卡尺，硅玻璃片。

2. 试剂

甲基丙烯酸甲酯（MMA）30g，过氧化二苯甲酰（BPO）0.03g。

四、实验步骤

1. 有机玻璃板的制备

（1）制模

取 3 块 40mm×70mm 硅玻璃片洗净并干燥。把三块玻璃片重叠，并将中间一块纵向抽出约 30mm，其余三断面用涤纶绝缘胶带封牢。将中间玻璃抽出，作灌浆用。

（2）预聚合

在 100mL 锥形瓶中加入甲基丙烯酸甲酯 30g，再称量 BPO 重 0.03g，轻轻摇动至溶解，倒入三颈瓶中。搅拌下于 80～90℃水浴中加热预聚合，观察反应的黏度变化至形成黏性薄浆（似甘油状或稍黏些，反应需 0.5～1h），迅速冷却至室温。

（3）灌浆

将冷却的黏液慢慢灌入模具中，垂直放置 10min 赶出气泡，然后将模口包装密封。

（4）聚合

将灌浆后的模具在 50℃的烘箱内进行低温聚合 6h，当模具内聚合物基本成为固体时升温到 100℃，保持 2h。

（5）脱模

将模具缓慢冷却到 50～60℃，撬开硅玻璃片，得到有机玻璃板。

2. 有机玻璃透光率测定

利用分光光度计可测定所制产品的透光率。

（1）试样制备

试样尺寸为 10mm×50mm，厚度按原厚度，用游标卡尺测定其厚度。

（2）71 型或 72 型分光光度计测定透光率（或者参见说明书）

① 接通 220V 恒压电源。

② 打开仪器电源、恒压器及光源开关。

③ 开启样品盖，打开工作开关。将检流计光点调至透明度 *O* 点位置。

④ 调节波长为 46.5nm。

⑤ 将光度调节到满度 100%位置。

⑥ 放入试样，盖上样品盖。所测得的透光率即为样品的透光率。

⑦ 逐一关闭各开关，再关闭总开关。

五、注意事项

为了产品脱模方便，可在硅玻璃片表面涂一层硅油，但量一定要少，否则影响产品的透光率。

六、问题与讨论

怎样避免自由基聚合过程中的“凝胶效应”?

实验二　无机填料改性环氧树脂复合材料的制备与化学固化

一、实验目的

1. 了解无机填料的表面处理。

2. 掌握环氧树脂的改性方法，熟悉化学固化的原理。

二、实验原理

无机填料和有机高分子树脂组成的复合体系是一种新型的复合材料，这种材料具有较高的强度，它在特种陶瓷、仿生材料，如人造骨、牙齿修补以及高技术领域如高容量电容、集成电路的包埋等方面都有广泛的用途。

一般说来，未经处理的无机填料和有机高分子树脂间的相容性较差，而应力集中的地方往往就是无机填料和有机高分子两者的界面上，因此该区域易出现裂缝甚至断裂。解决这个问题一般采用的处理方法就是设法在无机填料表面接上带功能基团的硅烷类偶联剂。例如经110～130℃处理过 SiO_2 粒子的表面，一般含有硅羟基，用甲基丙烯酸三甲氧基硅丙酯（KH-570）和其反应，我们就可得到带甲基丙烯酰基的 SiO_2 粒子。

如果把它和经过改性的带甲基丙烯酰基的环氧树脂混合，在过氧化物和胺类化合物组合的络合物的引发下，无机填料和高分子树脂就可以发生交联反应，彼此间以化学键结合在一起，材料的强度将大大增加。

三、仪器与试剂

1. 仪器

三颈瓶，四颈瓶，球形冷凝管，电子万能试验机。

2. 试剂

618 环氧树脂（环氧值 0.51），甲基丙烯酸三甲氧基硅丙酯（KH-570），甲基丙烯酸，SiO_2（1～30μm），2,6-二叔丁基对甲苯酚，Bis-GMA（双酚 A-甲基丙烯酸缩水甘油酯），硅烷偶联剂 570，*N*,*N*-二甲基苄胺，过氧化苯甲酰，甲基丙烯酸乙二醇双酯，甲苯，丙酮，氯仿，正己烷，无水氯化钙，盐酸。

四、实验步骤

1. SiO_2 填料的表面处理

在 100mL 的三颈瓶中称取 4.75g 的 SiO_2，然后加入 20%的盐酸 50mL，回流 2h 后过滤，用蒸馏水洗滤出物，直至流出液的 pH 为 6～7，经酸洗后的 SiO_2 粉末放入 130℃真空烘箱减压抽 2～3h，经自然冷却后放入真空干燥器内，使用时称 SiO_2 粉末 1g 于 100mL 三颈瓶内，加入干燥甲苯 150mL，然后加入新蒸的甲基丙烯酸三甲氧基硅丙酯（KH-570）1g，加入 2,6-二叔丁基对甲苯酚 0.001g，回流 2h，冷却后离心分离，沉淀物用丙酮洗三次，最后在真空干燥器内抽干至恒重。

2. 双酚 A 环氧甲基丙烯酸双酯（Bis-GMA）的合成

在装有搅拌器、滴液漏斗、冷凝管和温度计的 250mL 的四颈瓶中，加入 618 环氧树脂 40g、甲基丙烯酸 12.3g、2,6-二叔丁基对甲苯酚 0.006g，然后通氮气加热搅拌。当温度升至 100℃时，将 5g 甲苯、6.1g 甲基丙烯酸和 0.15g *N*,*N*-二甲基苄胺滴加入反应瓶中，保持反应温度在 100～110℃之间，1.5h 后每隔 20min 取样，测定酸值[①]，至酸值趋于稳定（约为 20）。停止反应，减压蒸去甲苯和未反应的甲基丙烯酸，然后加入 50mL 氯仿，一边剧烈搅拌，一边加入80mL的正己烷，待混合均匀后，把反应瓶放入20℃的冰无水氯化钙浴内，待分层后弃去上层清液，减压蒸去溶剂，即得到所求产物。产物是淡黄色黏稠液体。

红外表征：2923cm^{-1}，2853cm^{-1}（—CH_2—中CH伸缩振动），1630cm^{-1}[CH_2 ═ $C(CH_3)$—双键伸缩振动]。

3. 基质树脂的配制和固化

1.33g Bis-GMA中，加入0.39g甲基丙烯酸乙二醇双酯，0.006g 2,6-二叔丁基对甲苯酚和0.131g *N*,*N*-二甲基苄胺，将树脂混合均匀，称出0.1g，待用。

0.3g经硅烷偶联剂570处理过的SiO_2填料，加入0.037g过氧化苯甲酰，然后加入上述树脂0.1g，在研钵中将它们研磨成均匀的混合物，然后充填于内径为6mm、高3mm的聚四氟乙烯模具中，二氧化硅填充材料经过30～60s即可固化。

4. 力学性能测试

抗压强度在电子万能试验机上进行，以10mm/min的速度加载，直至被破坏，测试温度24℃，相对湿度为(50±5)%。将实验的抗压强度、固化时间和试样颜色变化记于下表。

五、数据处理

固化开始时间	固化结束时间	抗压强度/MPa	颜色

六、注意事项

1. 化学固化复合树脂的力学性能直接和基质树脂的性能、填充SiO_2材料的表面处理以及有机胺和过氧化物的结构和加入量有关。当填充SiO_2材料和基质树脂混合时，若黏度太大，可适当添加一些甲基丙烯酸乙二醇双酯稀释。若固化速度太慢时，可适当加大有机胺和BPO的用量。

2. 酸值的测定法

在250mL的碘瓶中加入0.5～2g甲基丙烯酸和环氧树脂的反应物，用20mL丙酮溶解。用0.2mol/L NaOH乙醇溶液（4g NaOH溶于100mL乙醇中，用标准邻苯二甲酸氢钾溶液标定，酚酞作指示剂）滴定，甲基橙作指示剂。

$$酸值=\frac{40VN}{w}$$

式中，V为滴定树脂样品所消耗掉的NaOH的体积，mL；N为滴定液的体积摩尔浓度；w为树脂样品的质量，g。

实验三　聚氯乙烯改性配方实验

一、实验目的

1. 掌握软质聚氯乙烯、硬质聚氯乙烯的配方设计，混合、塑炼和物料的压制方法。
2. 认识配方中各组分的作用。
3. 学会使用混合、塑炼、压制、制标准样条等设备，以及聚合物测试仪器。

二、实验原理

聚氯乙烯（PVC）本身是一种质地很硬的塑料，但是通过加入不同量的增塑剂，可以使它变成比PE还柔软的塑料，用于制备各种不同的用品，因此它是一种全能的塑料。

但是单纯的 PVC 树脂熔体黏度大、流动性差，虽具有一般线型非晶态聚合物的热力学状态，但熔融范围窄，对热不稳定，在成型温度下会发生严重的降解，放出氯化氢气体，变色和黏附设备。因此，在成型过程中需要加入适当的助剂，配制成不同组分的均匀复合物，改善其成型工艺性能，达到符合使用性能和降低成本的要求。因此 PVC 的配方设计尤为重要，随着组成的不同，聚氯乙烯制品可呈现不同物理机械性能，比如加不加增塑剂，或者加多少就使它有软硬之分。

1. 硬质聚氯乙烯

利用压制法生产硬质聚氯乙烯（HPVC），是将聚氯乙烯树脂与各种助剂经过混合、塑化，在压机中经加热、加压，并在压力下冷却成型而制得的，用压制法生产的硬板光洁度较好，表面平整，厚度和规格可以根据需要选择和制备，因此压制法是生产大型聚氯乙烯板材的一种常用方法。

为了提高聚氯乙烯的成型性能、材料的稳定性和获得良好的制品性能并降低成本，必须在聚氯乙烯树脂中配以各种助剂。硬质聚氯乙烯塑料配方通常包含以下组分：

（1）树脂：树脂的性能应能满足各种加工成型和最终制品的性能要求，用于硬质聚氯乙烯塑料的树脂通常为绝对黏度 1.5～1.8mPa·s 的悬浮疏松型树脂。

（2）稳定剂：稳定剂的加入可防止聚氯乙烯树脂在高温加工过程中发生降解而使性能变差，聚氯乙烯配方中所用稳定剂通常按化学组分分成四类：铅盐类、金属皂类、有机锡类和环氧脂类。

（3）润滑剂：润滑剂的主要作用是防止黏附金属，延迟聚氯乙烯的凝胶作用和降低熔体黏度，润滑剂可按其作用分为外润滑剂和内润滑剂两大类。

（4）填充剂：在聚氯乙烯塑料中添加填充剂，可大大降低产品成本和改进制品某些性能，常用的填充剂有碳酸钙等。

（5）改性剂：为改善聚氯乙烯树脂作为硬质塑料应用所存在加工性、热稳定性、耐热性和冲击性差的缺点，常常按要求加入各种改性剂，改性剂主要有以下几类。

冲击性能改性剂：用以改进聚氯乙烯的抗冲击性及低温脆性等，常用的有氯化聚乙烯（CPE）、乙烯-醋酸乙烯共聚物（EVA）、丙烯酸酯类共聚物（ACR）、丙烯腈-丁二烯-苯乙烯接枝共聚物（ABS）及甲基丙烯酸甲酯-丁二烯-苯乙烯接枝共聚物等。

加工改性剂：只改进材料的加工性能而不会明显降低或损害其他物理性能的物质，常用的加工改性剂有丙烯酸酯类、甲基苯乙烯低聚物及丙烯酸酯和苯乙烯共聚物等。

热变形性能改性剂：用以改进制品的负荷热变形温度，常用丙烯酸酯和苯乙烯类聚合物。

（6）增塑剂：可增加树脂的可塑性、流动性，使制品具有柔软性，对于硬质聚氯乙烯制品，一般不加或少加（5%以下）增塑剂，以避免其对某些性能（如耐热性和耐腐蚀性）的影响。

此外，还可根据制品需要加入颜料，阻燃剂及发泡剂等。

聚氯乙烯配方中各组分的作用是互相关联的，不能孤立地选配，在选择组分时，应全面考虑各方面的因素，按照不同制品的性能要求、原材料来源、价格以及成型工艺进行设计。

2. 软质聚氯乙烯

软质聚氯乙烯（SPVC）是将 PVC 树脂与增塑剂以及根据产品性能要求选择的助剂，经过混合塑化，得到具有一定柔韧性的产品。

SPVC 和 HPVC 的配方有下列差别：

（1）树脂的型号：HPVC 制品所用树脂通常为绝对黏度为 1.5～1.8mPa·s 的悬浮法疏松型树脂，而 SPVC 制品常用绝对黏度 1.8～2.0mPa·s 的悬浮法疏松型树脂。

（2）增塑剂的用量和种类：HPVC 制品中的增塑剂含量 5%以下，而 SPVC 制品中的增塑剂加入约为 40～70 份（PVC 为 100 份）。

用于 PVC 的增塑剂种类很多，应根据产品性能、原料性能、来源及价格等综合考虑，常用的有邻苯二甲酸酯类、己二酸和癸酸酯类及磷酸酯类等。

三、仪器与试剂

1. 仪器

双辊开炼机，高速混合机，万能制样机，氧指数测定仪，悬筒组合冲击试验机，热变形维卡软化点温度测定仪，塑料硬度计。

2. 试剂

PVC 树脂，三盐基硫酸铅，二盐基亚磷酸铅，硬脂酸铅，硬脂酸钡，硬脂酸钙，石蜡，硬脂酸，碳酸钙，滑石粉，邻苯二甲酸二辛酯（DOP），邻苯二甲酸二丁酯（DBP）。

四、实验步骤

1. PVC 成品制备与成型加工

提示：

（1）制备方法：高分子加工，高分子共混。

（2）实验设备：双辊开炼机、高速混合机。

（3）配料总量 250g 左右。

要求：

（1）根据所需的目标产物，确定具体实验配方。

（2）制定工艺流程，画出工艺流程框图。

（3）确定制备工艺条件，给出简要解释。

2. PVC 性能测试

（1）实验设备：万能制样机、氧指数测定仪、悬筒组合冲击试验机、热变形维卡软化点温度测定仪、塑料硬度计等。

（2）为了消除内应力试样要平整放置 24h 以上。

（3）确定样品的性能测试设备、测试方法和测试条件。

（4）按照相应性能测试标准的要求，利用测试仪器进行相应的力学性能、阻燃性能等的测试。

（5）比较改性前后性能变化，并从理论角度进行分析解释。

五、注意事项

1. 配料时称量必须准确。
2. 高速混合器必须在转动情况下调整。
3. 双辊开炼机操作时必须严格按操作规程进行，防止将硬物落入辊间。
4. 注意 PVC 树脂与增塑剂的相互作用，混合时注意加料顺序。

六、问题与讨论

聚合物配方设计的原则是什么？

实验四　聚乙烯薄膜的吹塑成型及性能测试

一、实验目的

1. 了解聚乙烯薄膜吹塑的工作原理。

2. 掌握聚乙烯薄膜吹塑成型工艺参数的作用及其对薄膜质量的影响。

3. 了解螺杆挤出机的基本结构以及上吹式挤出吹膜机组的组成。

4. 掌握聚乙烯薄膜吹塑的工艺操作过程。

二、实验原理

塑料薄膜由于具有质地轻、强度高、平整、光洁和透明等优点，同时其加工容易，价格低廉，因而在建筑、包装、农业大棚等方面得到了广泛的应用。

塑料薄膜可以用多种方法成型，如压延、流延、拉幅和吹塑等。各种方法的特点不同，适应性也不一样。压延法主要用于非晶型塑料加工，所需设备复杂，投资大，但生产效率高，产量大，薄膜的均匀性好。流延法主要也是用于非晶型塑料加工，工艺最简单，所得薄膜透明度好，具有各向近似同性，质量均匀，但强度较低，且耗费大量溶剂，成本增加，对环境造成污染。拉幅法主要应用于结晶型塑料，工艺简单，薄膜质量均匀，物理力学性能最好，但设备投资大。吹塑法最为经济，工艺设备都比较简单，结晶与非晶型塑料都适用，既能生产窄幅薄膜，又能生产宽幅薄膜。吹塑过程中，薄膜的纵横向都得到拉伸取向，薄膜质量较高，因此得到广泛的应用。

薄膜吹塑成型即挤出-吹胀成型，塑料熔体从挤出机口模成管坯状挤出，由管坯内芯棒中心孔引入压缩空气使管坯吹胀成膜管，后经空气冷却定型、牵引卷绕而成薄膜。吹塑薄膜通常分为平挤上吹、平挤平吹和平挤下吹等三种工艺，其原理都是相同的。薄膜的成型都包括挤出、初定型、定型、冷却牵伸、收卷和切割等过程。本实验为聚乙烯的平挤上吹法成型，是目前最常见的工艺。

塑料薄膜的吹塑成型是基于聚合物的分子量高、分子间作用力大而具有可塑性及成膜性能的特点进行的。当塑料熔体通过挤出机机头的环形间隙口模而成管坯后，因通入压缩空气而膨胀为膜管，而膜管被夹持向前的拉伸也促进了减薄作用。与此同时，薄膜管的大分子以纵横双向取向，提高了薄膜的物理力学性能。

为了取得性能良好的薄膜，纵横向的拉伸作用最好取得平衡，也就是纵向的喷口拉伸比(牵引薄膜管向上的速度与口模处熔体的挤出速度比）与横向的空气膨胀比（膜管的直径与口模直径比）应尽量相等。实际上，操作时吹胀比受到冷却风环直径的限制，其可调节的范围是有限的，因此吹胀比不宜过大，否则造成膜管不稳定。由此可见，拉伸比和吹胀比是很难一致的，也即薄膜的纵横向强度总有差异的。在吹塑过程中，塑料沿着螺杆向机头口模的挤出以致吹胀成膜，经历着黏度、相变等一系列的变化，与这些变化有密切关系的是螺杆各段的温度、螺杆的转速是否稳定、机头的压力、风环吹风及室内空气冷却以及吹入空气压力、膜管拉伸作用等，这些因素的相互配合与协调都直接影响薄膜性能的优劣和生产效率的高低。

各段温度和机外冷却效果是最重要的因素。通常，延机筒到机头口模方向，塑料的温度是逐步升高的。各部位温差对不同的塑料各不相同。对 LDPE（低密度聚乙烯）来说，通常螺杆温度是 130℃、150℃、170℃依次递增，机头口模处稍低些。熔体温度升高将导致黏度降低，机头压力减少，挤出流量增大，有利于提高产量。但若温度过高和螺杆转速过快，剪切作用过大，易使塑料分解，且出现膜管冷却不良，膜管的直径就难以稳定，将形成不稳定的膜泡“长颈”现象，所得泡（膜）管直径和壁厚不均，甚至影响操作的顺利进行。因此，通常可设定稍低一些的熔体挤出温度和速度。

风管是对挤出膜管坯而言的冷却装置，位于膜管坯的周围。操作时可调节风量的大小以控制管坯的冷却速度。上下移动风环的位置可以控制膜管的“冷冻线”位置，冷冻线对结晶型塑料而言即相转变线，是熔体挤出后从无定形态到结晶态的转变。冷冻线位置的高低对于稳定膜管、控制薄膜的质量有直接的关系。对聚乙烯来说，当冷冻线离口模很近时，熔体因快速冷却而定型，所得薄膜表面质量不均，有粗糙面，粗糙程度随冷冻线远离口模而下降，对膜的均匀性是有利的。但若冷冻线过分远离口模，会使薄膜的结晶度增大，透明度降低，且影响其横向的撕裂强度。冷却风环与口模距离一般是30～100mm。

若对管膜的牵伸速度太大，单个风环是达不到冷却效果的，可以采用两个风环来冷却。风环和膜管内两方面的冷却都强化，可以提高生产效率。膜管内的压缩空气除冷却外还有膨胀作用，气量太大时，膜管难以平衡，容易被吹破。实际上，当操作稳定后，膜管内的空气压力是稳定的，不必经常调节压缩空气的通入量。膜管的膨胀程度即吹胀比，一般控制在2～6之间。

牵引也是调节薄膜厚度的重要环节。牵引辊与挤出口模的中心位置必须对准，这样能防止薄膜卷绕时出现的折皱现象。为了取得直径一致的膜管，膜管内的空气不能漏出，故要求牵引辊表面包覆橡胶，使膜管与牵引辊完全紧贴着向前进行卷绕。牵引比不宜太大，否则易拉断膜管，牵引比通常控制在4～6之间。

三、仪器与试样

1. 仪器

MF-400上吹薄膜机组（实验型），XRN-400GM熔体流动速率测定仪，HD-10厚度计，钢尺。

2. 试样

聚乙烯颗粒。

四、实验步骤

1. 原料选择

聚乙烯薄膜一般分为工业膜和农业膜两种，工业用薄膜主要用作防潮、防水及包装，而农业用薄膜主要是地膜和棚膜。

聚乙烯吹塑薄膜的原料选择是很重要的，从聚乙烯的性能指标可知，密度可作为衡量聚乙烯结构的一个尺度。除外，生产上还常用熔体流动速率（MFR）这一指标来衡量聚乙烯的平均分子量。这两个指标均与聚乙烯的基本性能和最终制品的性能有关，在工业生产上，可作为选择树脂的主要依据。一般根据不同制品对聚乙烯的熔体流动速率要求如下：重包装薄膜可选LDPE的MFR为0.3～0.4，农业用薄膜和轻包装膜选用LDPE的MFR为1.5～7.0。

2. 实验前准备

（1）测试聚乙烯原料的熔体流动速率（MFR）。

（2）根据聚乙烯的熔体流动速率确定挤出温度范围，进行机台预热。一般过滤网和模具部分的预热时间较长，从节约能源的角度考虑，应先加热这两个区域。在这两个区域温度达到设定温度后，仍应进行一段时间的保温，以利于温度的充分传导。在过滤网和模具进行保温的同时可打开机筒的预热开关，对机筒进行加温。特别需要注意的是，机筒一区的温度应比原料的塑化温度低30～40℃，否则容易使螺杆“环结阻料”，从而导致物料挤出困难。产生“环结阻料”后唯一可以解决的办法便是拆开料筒螺杆，清理螺杆底部附着的塑料原料，再重新把螺杆装入料筒。此过程耗时耗力，应尽量避免。

（3）当螺杆各段预热达到要求温度时，保温15～20min，检查机组的运转、加热和冷却是否正常，做好投料准备。

（4）测量环境温度。

3. 实验操作步骤

（1）开机前用手拉动传动皮带，证实螺杆可以正常转动后方可开启变频器，调节主电机转速（一般为10～15Hz）。将聚乙烯原料投入料斗，打开料斗口的插板，使原料进入机筒。聚乙烯原料在螺杆中经挤压、加热形成熔体。

（2）聚乙烯熔体流经机头、圆形口模挤出。将通过机头的熔体集中在一起，使其通过风环，同时通入少量压缩空气，以防相互粘在一起。打开冷却风机，调节风门进风口大小，稳定好膜泡。

（3）打开牵引电机变频器，调节牵引速度至5～6Hz（慢速），把膜泡引入人字夹板，送进牵引辊内，由牵引辊连续进行纵向牵伸，以恒定的线速度进入卷取装置卷成制品；这里的牵引辊同时也是压辊，因为牵引辊完全压紧吹胀了的圆筒形薄膜，使空气不能从挤出机头与牵引辊之间的圆筒形薄膜内漏出来，这样膜管内空气量就保持恒定，从而保证薄膜一定的宽度。

（4）薄膜进入收卷机后，先使用人工进行牵引，再打开“力矩电机控制器”，调节控制器电压至150～220V（视薄膜张紧力而定），再将薄膜送入收卷机进行收卷。开始卷取后，可适当加快牵引电机牵引速度至12～15Hz。

（5）调节进入膜泡的压缩空气，直至达到要求的幅宽为止。经冷却后的圆形薄膜被导向牵引辊叠成双折薄膜，其宽度称为折径。

（6）取样并测试薄膜的厚度和宽度（折径），根据误差及时调整工艺参数。薄膜的厚薄公差可通过模唇间隙、冷却风环风量以及牵引速度的调整而得到纠正，薄膜的幅宽公差主要通过充气吹胀大小来调节。

（7）当薄膜幅宽、厚度参数调整完毕达到要求后对薄膜取样，测试薄膜的纵横向拉伸强度、断裂伸长率等物理力学性能。再改变机身温度、机头温度、螺杆转速、牵引速度、风环风量等工艺条件后分别取样，以纵向薄膜力学性能为标志选取最佳工艺参数。

（8）实验结束，依次关闭风机、主电机、牵引电机、收卷电机、温控仪、总电源。清洁设备，清扫场地，将周边环境和设备恢复到初始状态。

五、数据处理

1. 以列表方式记录聚乙烯原料熔体流动速率（MFR）的测试结果。

2. 以列表方式记录工艺条件对薄膜幅宽、厚度参数的影响。

3. 以列表方式记录工艺条件对薄膜力学性能的影响。

六、注意事项

1. 清理螺杆环结阻料、口模残留物或模具时，只能采用铜棒、铜刀或压缩空气等工具，严禁使用硬金属制工具如三角刮刀、螺丝刀、锤子等，以免损伤设备。

2. 熔体从口模挤出时温度较高，操作过程中应戴好手套等防护用具以免被熔体烫伤。

3. 除加料外，应保持进料斗的关闭状态，严防各类杂质、小工具等落入进料口中，以免损伤螺杆。

4. 穿膜时应十分小心，防止手被卷进辊筒中。一般穿膜时应先把膜头穿入辊筒轴头，再把薄膜引入辊筒。

5. 牵引电机和收卷电机均为链条传动，且没有罩壳防护，操作时应特别注意。

七、问题与讨论

1. 影响聚乙烯薄膜幅度、厚度的因素是什么？如何控制薄膜幅度和厚度？

2. 料筒温度、螺杆转速、模头温度、充气压力分别对薄膜力学性能有何影响？

参 考 文 献

[1] 潘祖仁．高分子化学［M］．5版．北京：化学工业出版社，2011.
[2] 何曼君，张红东，陈维孝，等．高分子物理［M］．3版．上海：复旦大学出版社，2008.
[3] 刘凤岐，汤心颐．高分子物理［M］．2版．北京：高等教育出版社，2004.
[4] 许并社．材料科学概论［M］．北京：北京工业大学出版社，2002.
[5] 唐颂超．高分子材料成型加工［M］．3版．北京：中国轻工业出版社，2013.
[6] 王贵恒．高分子材料成型加工原理［M］．北京：化学工业出版社，1995.
[7] 梁晖，卢江．高分子化学实验［M］．2版．北京：化学工业出版社，2014.
[8] 孙汉文，王丽梅，董建．高分子化学实验［M］．北京：化学工业出版社，2012.
[9] 张兴英，李齐芳．高分子科学实验［M］．2版．北京：化学工业出版社，2007.
[10] 刘丽丽．高分子材料与工程实验教程［M］．北京：北京大学出版社，2012.
[11] 张玥．高分子科学实验［M］．青岛：中国海洋大学出版社，2010.
[12] 陈厚．高分子材料加工与成型实验［M］．北京：化学工业出版社，2012.
[13] 肖汉文，王国成，刘少波．高分子材料与工程实验教程［M］．2版．北京：化学工业出版社，2016.
[14] 张海，赵素合．橡胶及塑料加工工艺［M］．北京：化学工业出版社，1997.
[15] 王硕．PVC干混料颗粒特性对搪塑工艺的影响［D］．北京：北京化工大学，2001.
[16] 复旦大学高分子科学系．高分子实验技术［M］．上海：复旦大学出版社，1996.